不土不痛快

漫友文化/编

廣東旅游出版社
GUANGDONG TRAVEL & TOURISM PRESS
悦读书·悦旅行·悦享人生

图书在版编目（CIP）数据

不土不痛快 / 漫友文化编 . – 广州 : 广东旅游出版社 , 2014.4
ISBN 978-7-80766-825-1

Ⅰ . ①不… Ⅱ . ①漫… Ⅲ . ①手工艺品 – 制作 Ⅳ . ① TS973.5

中国版本图书馆 CIP 数据核字 (2014) 第 056820 号

◎责任编辑：何阳 梅哲坤 ◎责任技编：刘振华 ◎责任校对：李瑞苑
◎总策划：金城 ◎策划：李欣 ◎设计：陈少英

出版发行：广东旅游出版社
地址：广州市天河区五山路 483 号华南农业大学公共管理学院 14 号楼三层
邮编：510642
邮购电话：020-87348243
广东旅游出版社图书网：www.tourpress.cn
企划：广州漫友文化科技股份有限公司
印刷：深圳市雅佳图印刷有限公司
地址：深圳市龙岗区坂田大发路 29 号 1 栋
开本：787 毫米 ×1092 毫米 1/16
印张：7.5
字数：10.5 千字
版次：2014 年 4 月第 1 版
印次：2014 年 4 月第 1 次印刷
定价：35.00 元

序

在黏土中重温童年

我的黏土初体验，是源自童年时期的那盒培乐多橡皮泥。因为当时这种玩具黏土在国内还是新事物，（啊，暴露年龄了！）所以，第一次摸到橡皮泥时，除了搓和捏，还会用鼻子闻，（香的！）用舌头舔，（咸的！），最后的结局？当然是好奇害死猫，被橡皮泥的味道熏晕了……

曾经以为黏土仅属于童年，后来才发现，原来玩黏土的成年人也保有一颗童心——擅长用超轻黏土做各种立体小萌物的弹力龟在 lofter 上写自己的愿望是“当别家的孙子孙女整天喊着买玩具的时候，我带着自己的孙辈牛X兮兮地一起制作玩具”；自创软陶手作品牌的小班当初爱上设计软陶作品，是因为它可以释放脑袋里的随机产物；而能够制作各种黏土“甜点”的米米线则觉得黏土可以满足她那颗吃货的心。

童年时，我们渴望拥有一种超能力——想要什么，就可以靠自己去创造什么。但随着年龄增长，仅靠努力就能获得满足感的机会越来越少。希望这本书能够让你感受玩黏土的快乐，同时也让你重温童年简单的梦！

认识黏土

超轻黏土 {Super Light Weight Modeling Clay}

超轻黏土是纸黏土的一种，主要成分包括发泡粉、水、纸浆、糊剂等，由于膨胀视觉，看起来体积较大但特别轻巧，是一种环保、无毒、自然风干的手工造型材料。颜色多种，可以混色，不需烘烤，干燥后不会出现裂痕，彻底风干后可以与其他材质结合，如水彩、丙烯颜料、色粉等，有很高的包容性。

使用小贴士：

❶ 在自己动手制作超轻黏土作品前，手要洗干净；

❷ 使用前要充分地揉捏轻黏土，如有干燥可以喷些水然后再揉捏；
制作完成后要密封保存，避免阳光直射。

软陶土 {Polymerclay}

别看它的名字里有个“陶”字，其实软陶并非陶，而是一种人工的低温聚合黏土。由于其高度延展性和可塑性，自诞生以来风靡整个欧洲。软陶的外形和玩法与超轻黏土相似，但相比之下，多了一道特殊的工序——烘烤。

使用小贴士：

❶ 在软陶作品制作前记得要将材料充分揉制均匀，以此避免表面出现气泡与裂痕。

❷ 完成了软陶作品的塑造后，必须放入烤箱烘烤。
适当的烘烤温度为 110℃ ~150℃，时间为 5~10 分钟（具体视作品大小而定）。而没有烤箱的初学者可以将软陶作品放入低温纯净水中，文火加热至煮沸，并保持 10~20 分钟（具体视作品大小而定）。关火之后，待水温冷却之后，再将作品捞出。

❸ 如何保养软陶作品？记得千万不要长时间泡在水里，也不要放在太阳底下暴晒。只需要用小棉签沾点中性清洁液清洗就可以了。

目录

立体造型篇

饰品篇

日常摆设篇

立体造型篇

坐蘑菇的皮亚斯

制作人／弹力龟
动漫形象作者／崇子

山的那边，海的那边有一只鸟姑娘。
它是只没有麻点的麻雀，喜欢蘑菇，
自称史上最适合戴帽子的生物。
它就是《约绘》人气连载《皮亚斯》的主角皮亚斯！
想让萌萌的鸟姑娘乖乖呆在你身边吗？来动手做个三次元版的皮亚斯吧！

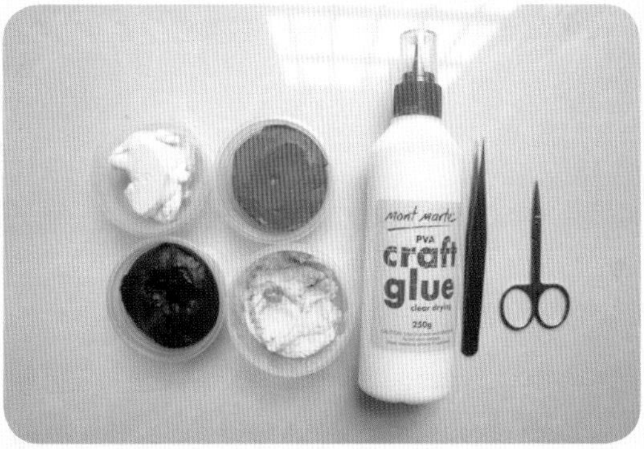

材料：超轻黏土（黑、白、红、黄）
工具：剪刀、镊子、白胶

▶ 步骤：

1. 脸型的制作。白色黏土揉圆，轻压成汤圆状的头部。

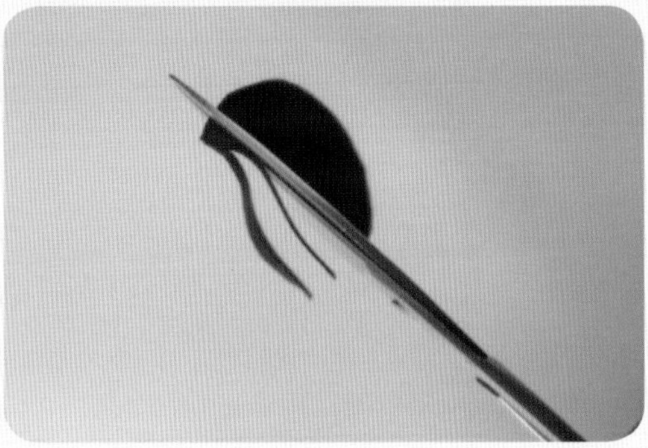

2. 眼睛的制作。黑色黏土擀成片状，风干后用剪刀剪成细条（可以多剪一些不同宽度，方便对比）。

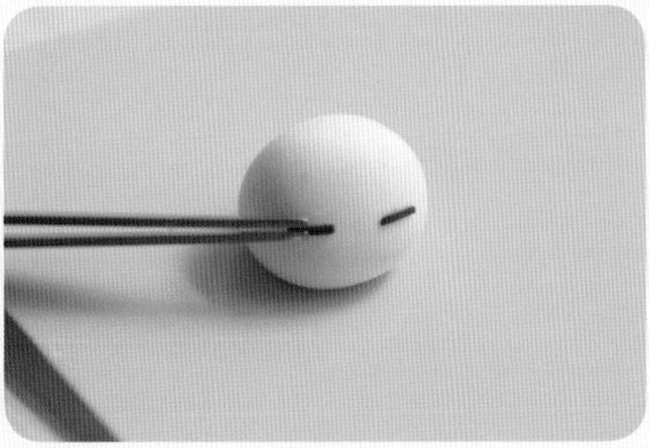

3. 眼睛的制作。用白胶把步骤 2 的细条粘连在头部大概 1/2 的部分。完成眼睛的制作。

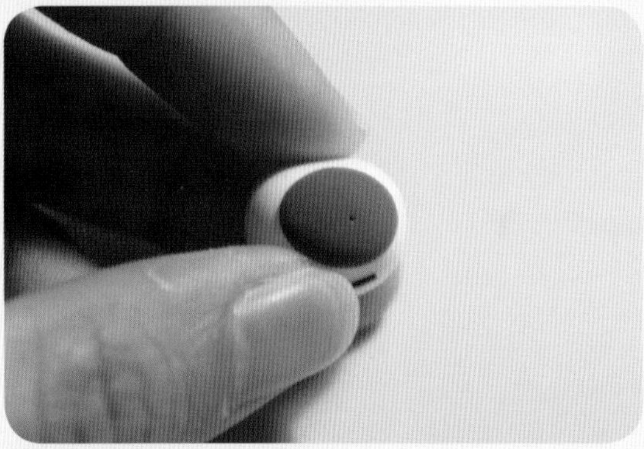

4. 帽子的制作。咖啡色黏土（红色 + 黑色 + 少量黄色黏土）揉成椭圆按压在头顶，再搓一小块粘在帽子上做帽子柄。

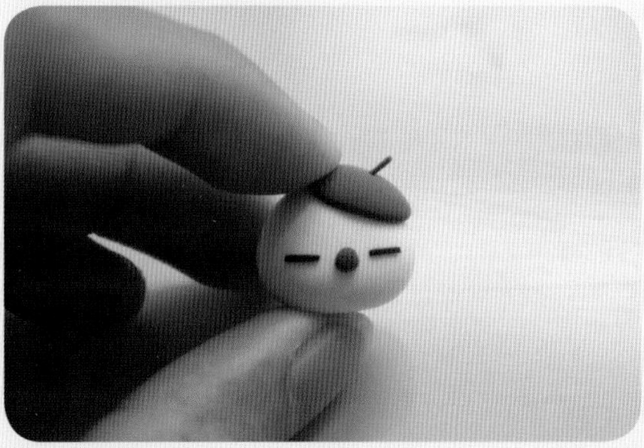

5. 头部的完善。用和帽子同色黏土揉成小圆粘在两眼之间。

6. 身体雏形。白色揉成类似水滴的形状，把底部压平。

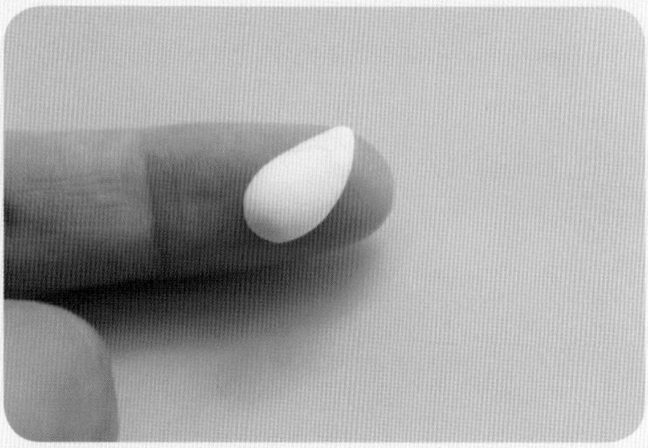

7. 头部与身体的粘接。可以用白胶也可以用水粘接头部和身体。

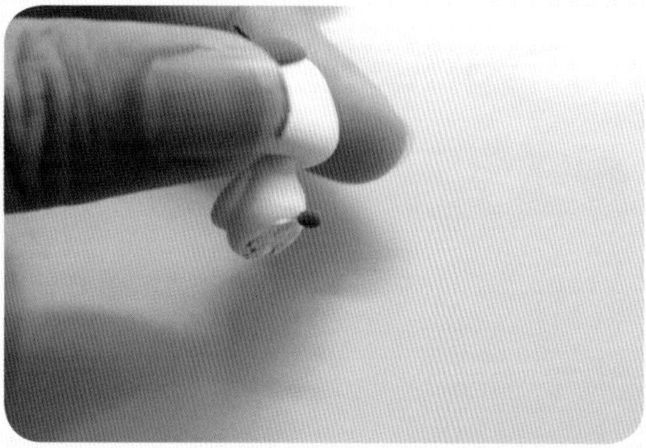

8. 粘上尾巴，放置一旁待用。

9. 蘑菇的制作。红色黏土 + 白色黏土 + 黄色黏土混合成肉粉色（在色彩掌握不准确的情况下，建议颜色一点点地加，红了就加白色，想橘色一点，就加点黄色，慢慢加总不会出错，故在此不提供颜色的比例）。

10. 步骤 9 的黏土揉捏至帽形后风干。

11. 掏空中间部分多余的黏土后放置一旁待用。

12. 白色黏土捏至如图所示的水滴状。

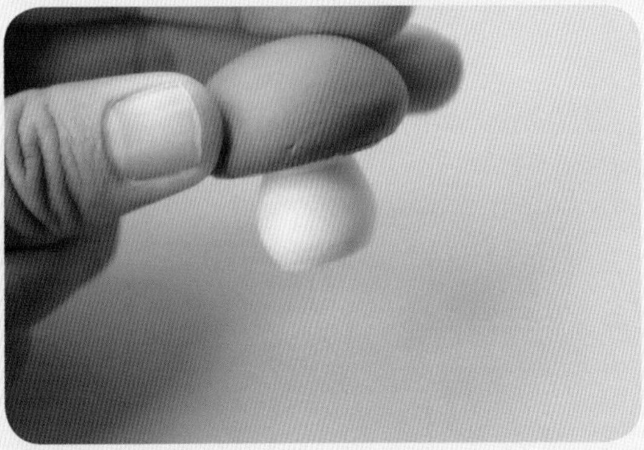

13. 结合步骤 7 与步骤 8 的部分。

14. 轻压至完全固定后风干，即可完成蘑菇的制作（蘑菇没有完全风干的情况下不要进行下面的步骤）。

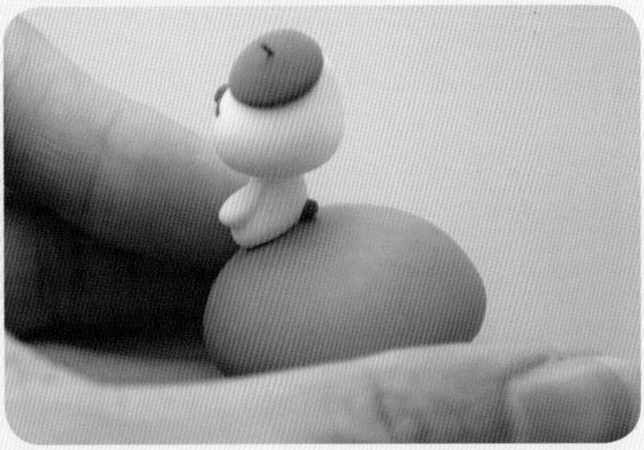

15. 用白胶粘接蘑菇和皮亚斯。

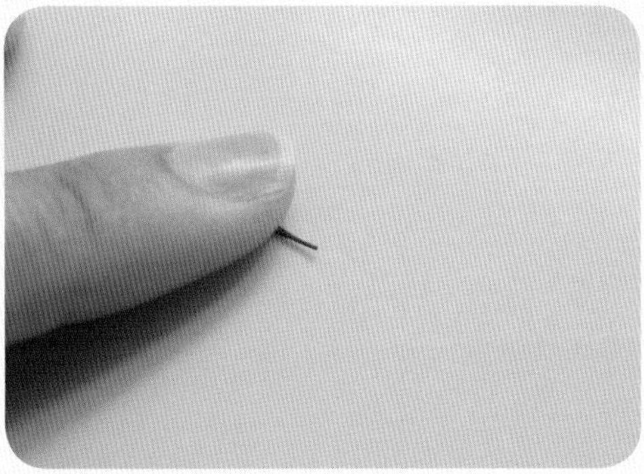

16. 皮亚斯的小鸟脚。黑色黏土用手指尖轻轻揉搓出两条细线，如图所示。

17. 皮亚斯完成了！如果蘑菇太轻的话，可以在底部粘上一块磁石增加重量！

守护明信片的我是熊先生

制作者／弹力龟
动漫形象作者／卡小N

姓名：我是熊；
性别：男；属性：软绵绵；
特别之处：
活在熊熊玩偶装里的人。
至于他为何喜欢“装熊”？嘿嘿嘿……
那就要回顾《约绘·爱萌》的故事喽！
让我是熊先生保管你的明信片，妥妥儿的！

材料：黏土（黑、白、红、黄、蓝）、铁丝、水彩颜料（普蓝）、白胶、腮红（或者红色粉笔）

工具：镊子、吸管、剪刀、钳子、擀棒

▶ **步骤：**

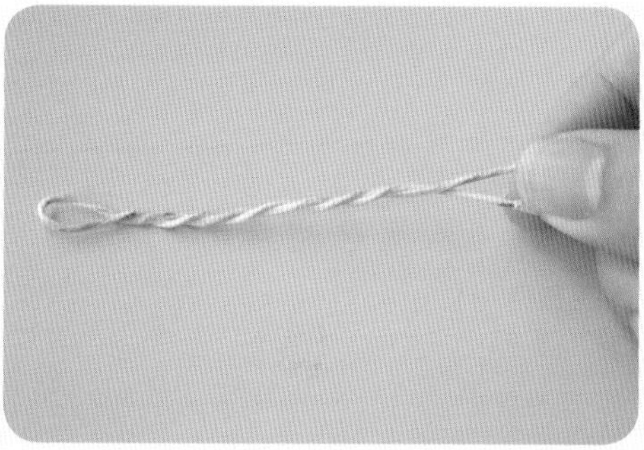

1. 一根铁丝扭成如图所示的麻花状，作为熊身体的主体，留下一部分作为熊的腿部。

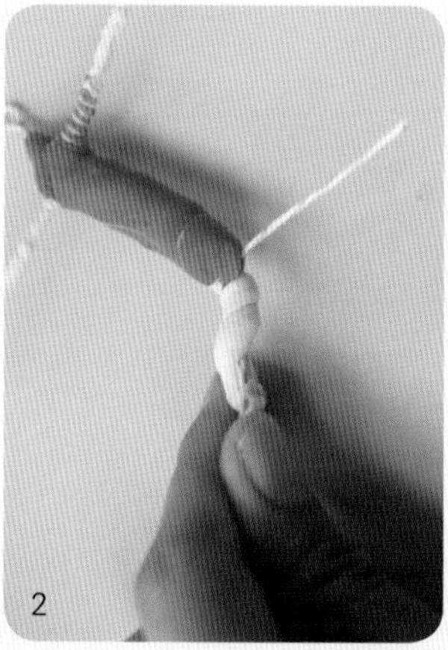

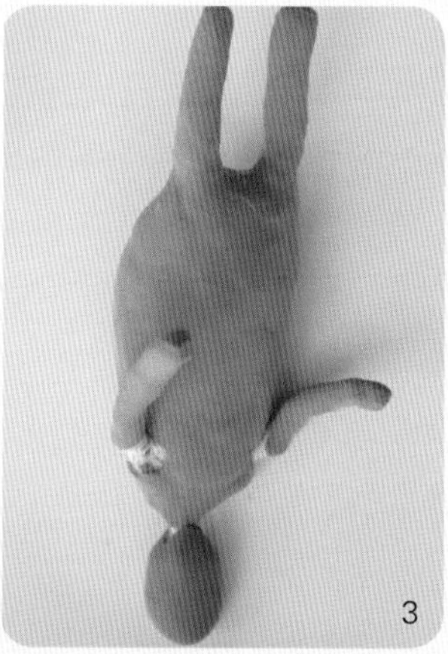

2. 在大约 1/5 的位置缠绕铁丝，随即用黏土包裹住所有铁丝，作为熊身体内部的填充部分（在未完全风干前不要进行步骤 3）。

3. 用事先调制好的咖啡色黏土覆盖在外，重点是看不到内部的填充土，同时可以有意识地加厚屁股的位置，随即风干一天（在未完全风干前不要进行步骤 4）。

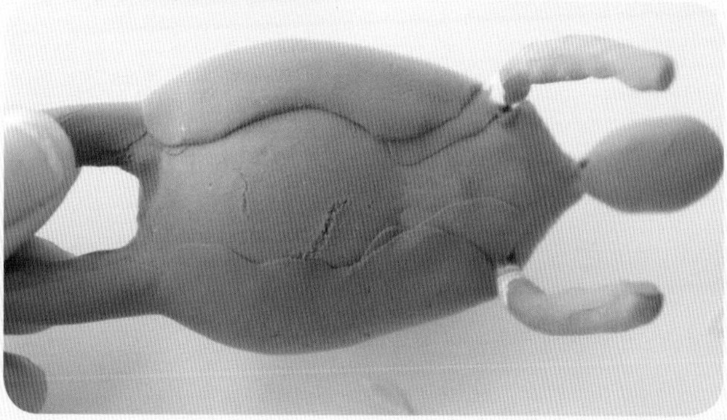

4. 在步骤 3 的基础上继续加厚黏土，要增加侧面部分的宽度，随即继续风干一天（在未完全风干前不要进行步骤 5）。

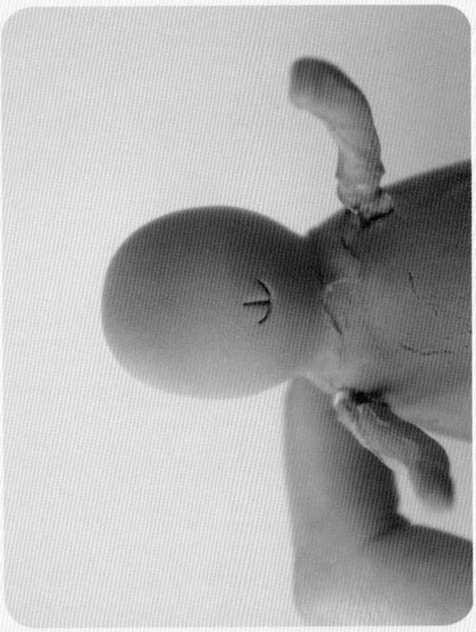

5. 在头部的地方填充黏土，大致确定五官位置（这个步骤其实可以省略，因为确定身体大小之后会再次塑造头部）。

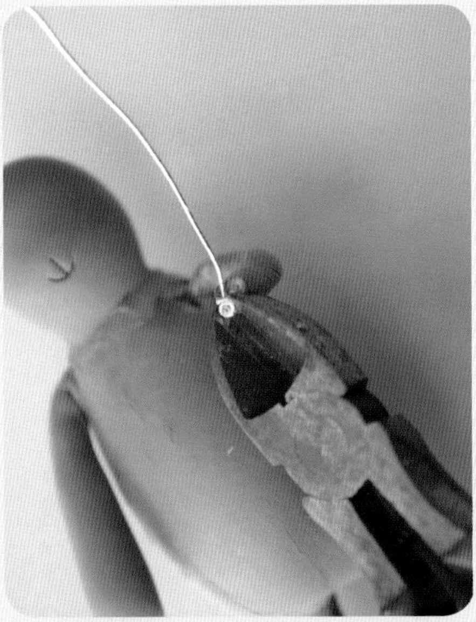

6. 把准备好的三根代替气球线的铁丝缠绕在其中一只手上，用钳子加固。

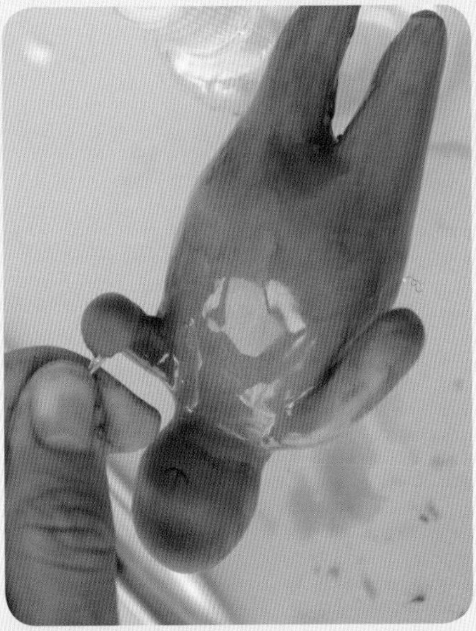

7. 此时开始确定熊的身体大小，建议整个步骤的重点就是一边看着形象原型一边慢慢地加黏土，每次都少加一些，肚子和屁股的部分可以多加一点展现熊憨厚的身体轮廓。如果制作过程中黏土干燥了，可以喷点水湿润一下，不用担心颜色化开，熊的毛色本来就有点斑驳。

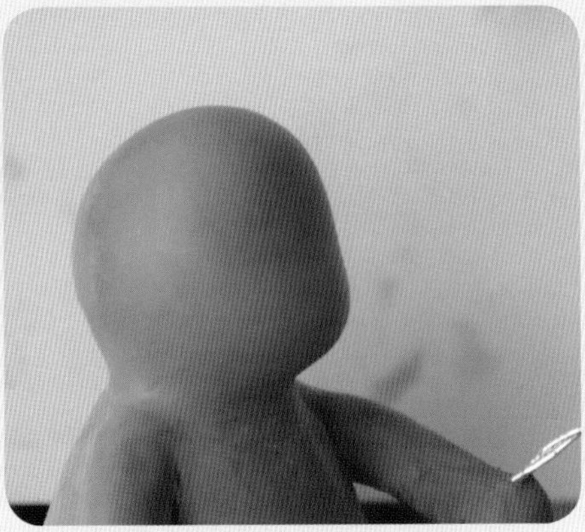

8. 在步骤 7 完成风干之后即可塑造头部，头部覆盖黏土，在大约 1/2 的位置按压一下形成熊的脸部轮廓。

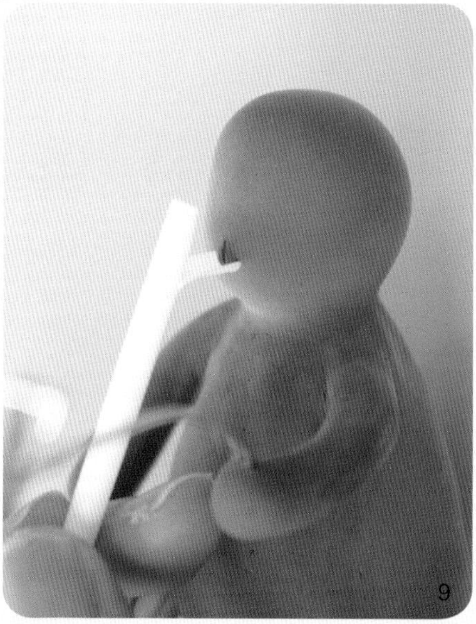

9. 吸管口剪掉大约 2/3 的部分，按压在脸部正中即可做出熊微笑的嘴巴。

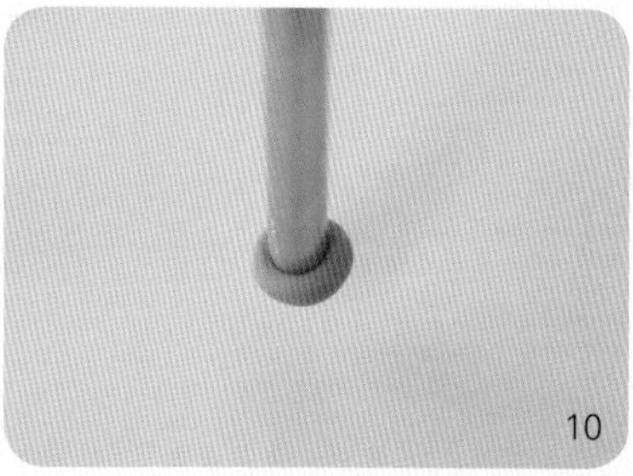

10+11. 咖啡色黏土如图所示，制作熊的耳朵，最好是等耳朵彻底干掉之后再进行剪裁，粘在头部两侧。

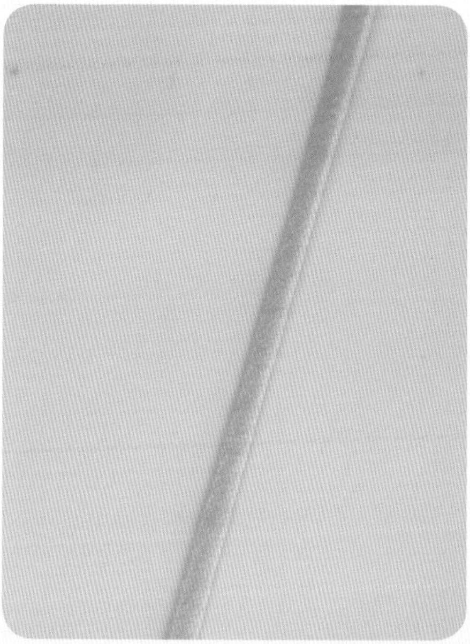

12. 在咖啡色黏土里面加入白色黏土，制作出浅咖色黏土，这里有两种方式制作细条，一种是直接用手像拉拉面一样拉出细条，这样可以得到比较圆润的形状；另一种方法比较保险，黏土擀成片状，用剪刀剪出细条，在这里我所使用的是第一种方法。

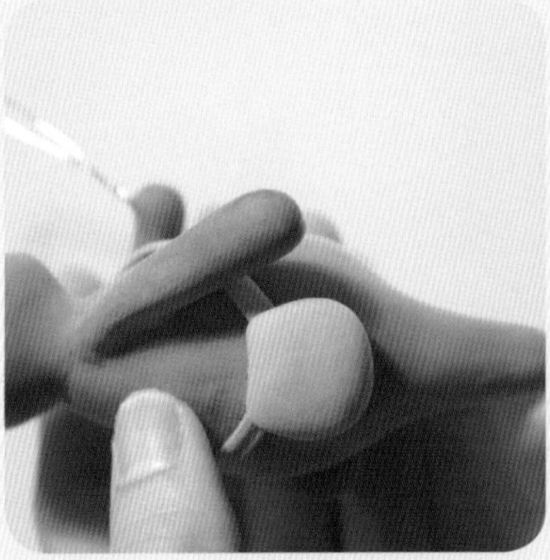

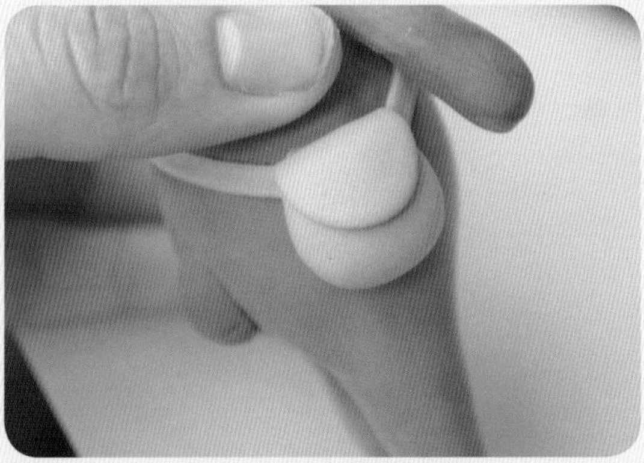

13. 步骤 12 制作出的细条粘在熊的身侧，再用两块黏土做成熊的包包粘上去。

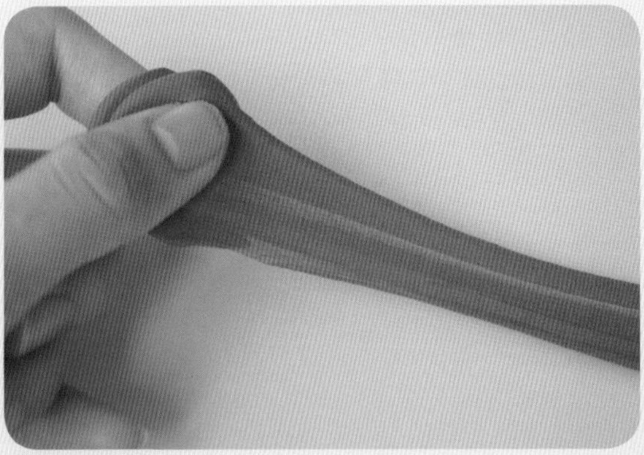

14. 用步骤 12 中教的方法拉出熊的红围巾。

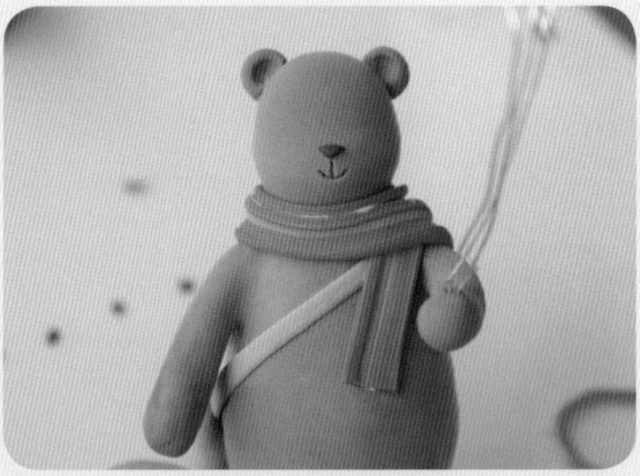

15. 步骤 14 制作出的围巾彻底风干之后，剪裁后粘在熊的脖子上。

16+17. 用与围巾同色的黏土粘在两耳之间制作出帽子，同时粘上熊的眼睛和鼻子。

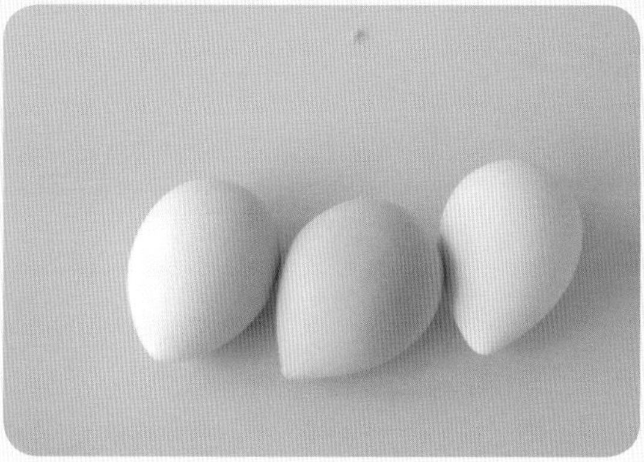

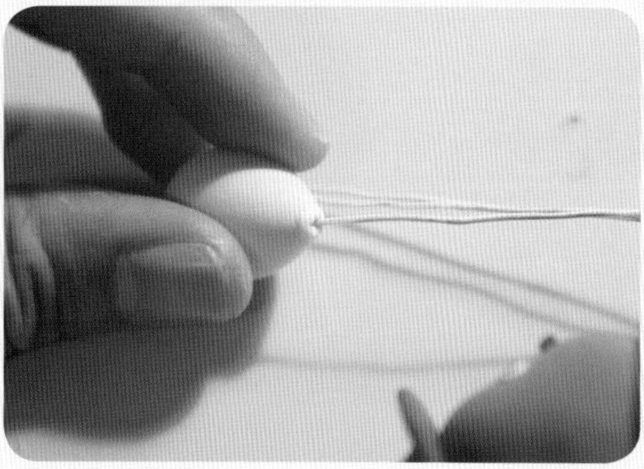

18. 准备三团不同颜色的黏土揉至如图所示的水滴状，彻底风干。

19. 把铁丝和气球用白胶粘在一起，到这里，整个熊的部分就制作完成了。

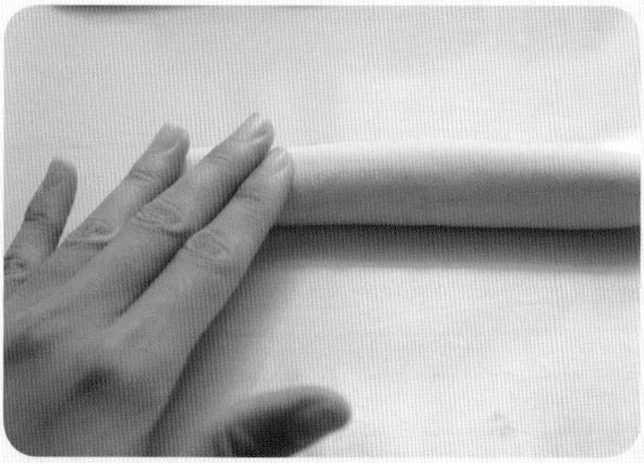

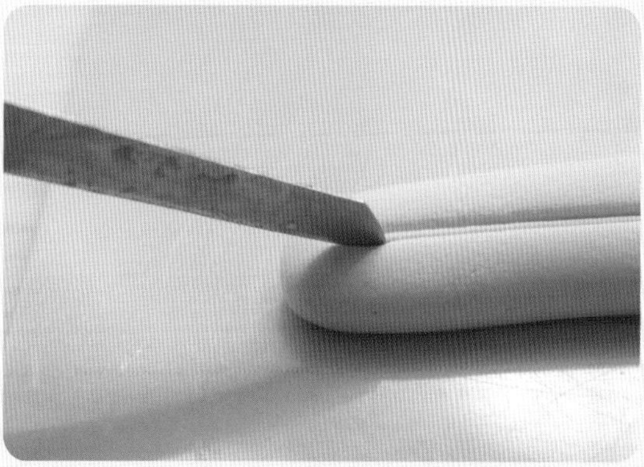

20. 将浅绿色黏土揉成棍状，制作明信片夹的底座。

21. 按扁后按照明信片的长度用小刀划出位置。

22. 装上明信片和熊即可完毕。

小雪人和小怪兽

制作者 / 弹力龟
动漫形象作者 / 阿梗

小雪人和小怪兽，
《踮脚张望》里的这两个小萌物似乎从来没有交集哦。
不如用超轻黏土，
给他们一个浪漫的小故事吧！

材料： 黏土（黑、白、红、黄、蓝）、铁丝、水彩颜料（普蓝）、白胶、腮红（或者红色粉笔）
工具： 镊子、吸管、剪刀、钳子、擀棒

▶ 小雪人制作步骤：

1. 头型塑造。白色黏土揉至圆球，在大约 1/3 的位置轻轻按压，形成雪人头部的轮廓感。

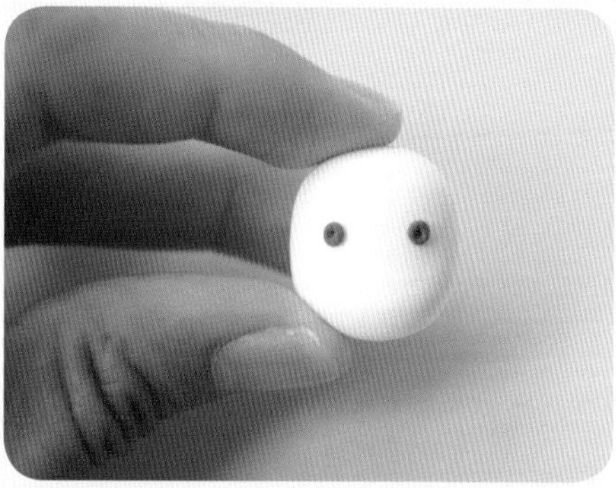

2. 眼睛制作。用微量的褐色黏土粘出眼睛，雪人的眼睛是两颗扣子，需要在正中间的地方用针戳一下。

3. 鼻子的制作。胡萝卜色黏土（红色加少量黄色黏土调和）揉成圆锥型粘在脸的正中。

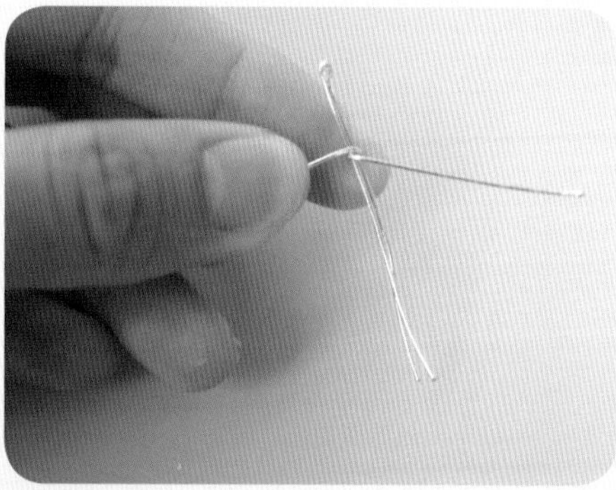

4. 身体骨架。一根铁丝对折，在 1/3 的位置缠上另外一根铁丝。

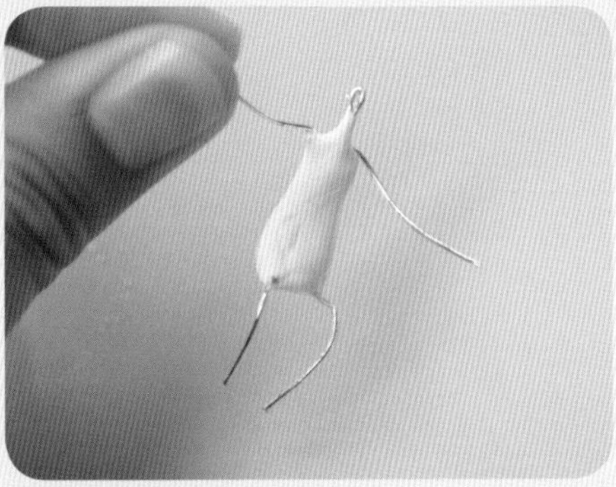

5. 身体基本雏形。为方便定型，先用白色黏土覆盖骨架中间后风干。

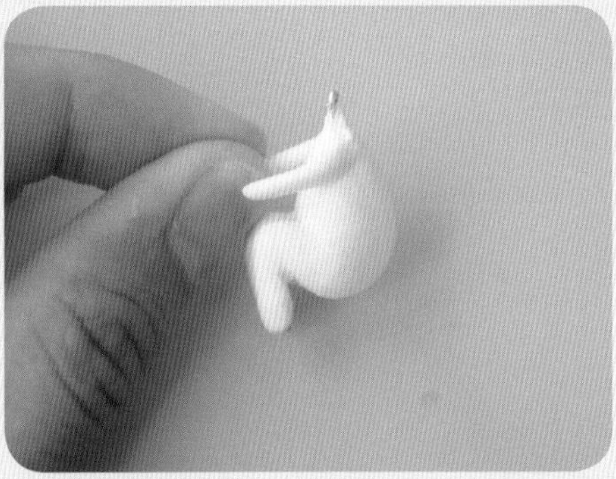

6. 定型身体。步骤 5 风干完毕，继续覆盖白色黏土直至和头部比例协调。

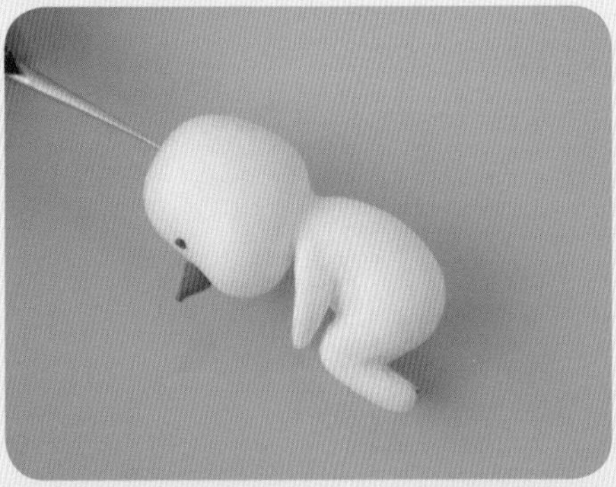

7. 连接头部与身体，在接合处用黏土覆盖直至看不见接缝。

8. 帽子颜色。帽子的颜色是在红色黏土的基础上，添加白色以及黄色黏土，建议是缓慢添加，一点点地看颜色的变化，直至符合自我需求。

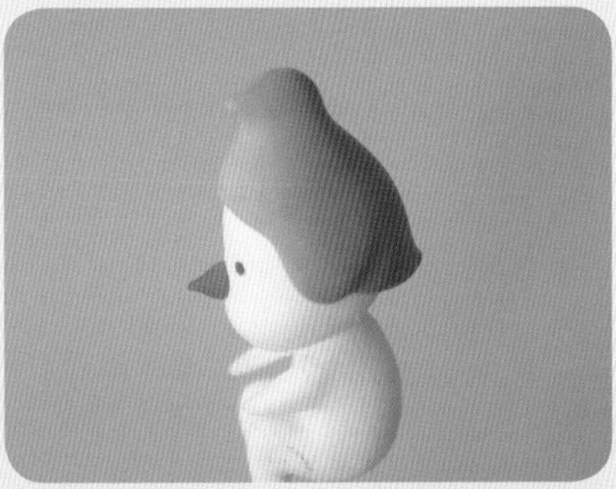

9. 帽子雏形。黏土需要处于黏而不沾手的状态，快速地在雪人头上捏塑成如图所示的小鸟雏形，形状合适之后，进行彻底的风干。

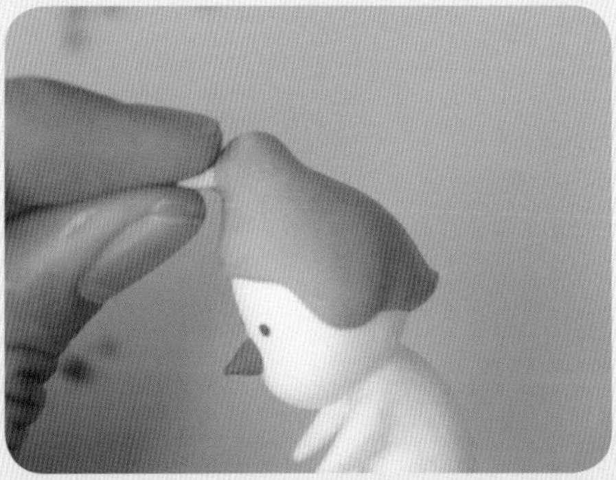

10. 帽子细节一。在帽子雏形完全风干（绝对要完全风干！）后用黄色、白色黏土调和为浅黄色，使用如图所示的手法，小心地贴着头部突出的部分粘嘴巴，边缘部分要仔细粘合，不要露出接缝。

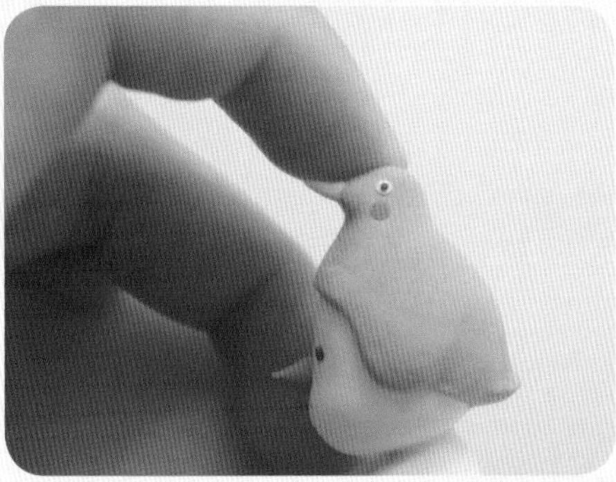

11. 帽子细节二。在嘴巴风干后，再完善眼睛和腮红的部分，帽子便完成了。

12. 千万不要忘记雪人的小眉毛。

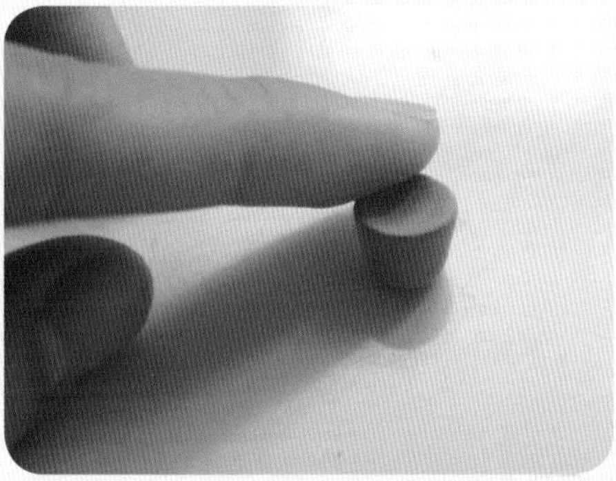

13. 花盆底座。用黑色、红色、白色黏土调和成浅褐色，捏成下窄上宽的花盆雏形。

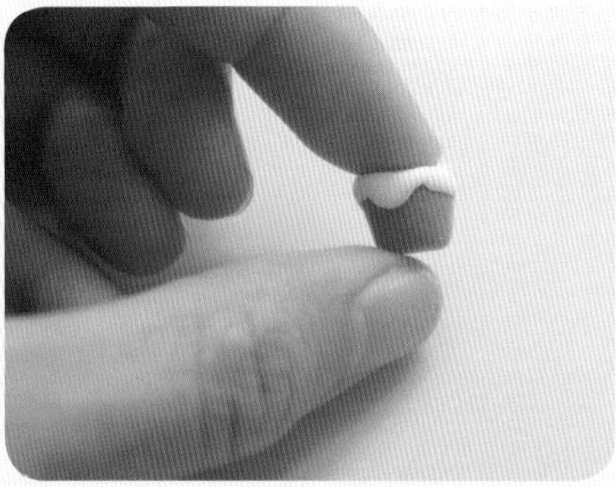

14. 完善花盆细节。白色黏土填充，边缘随意处理，制作出随意感。

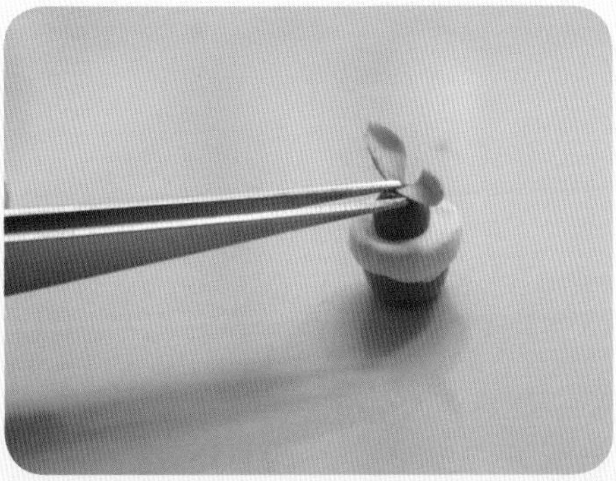

15. 完善花盆细节。果实的部分是捏一个椭圆，剪去一半，粘在花盆中间。叶子是用绿色（黄色和蓝色黏土调和而成）黏土压扁后制成。

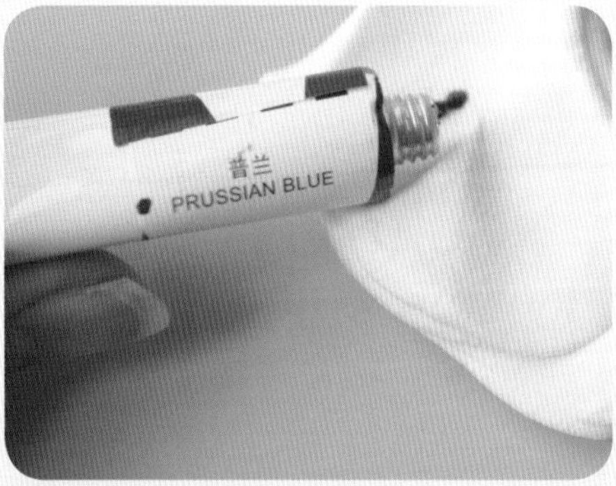

16. 现在开始制作小怪兽的部分。白色黏土中加入少量普蓝色水彩颜料，混合均匀后放回盒中喷水，放置一天让颜料和黏土充分融合。

▶ 小怪兽制作步骤：

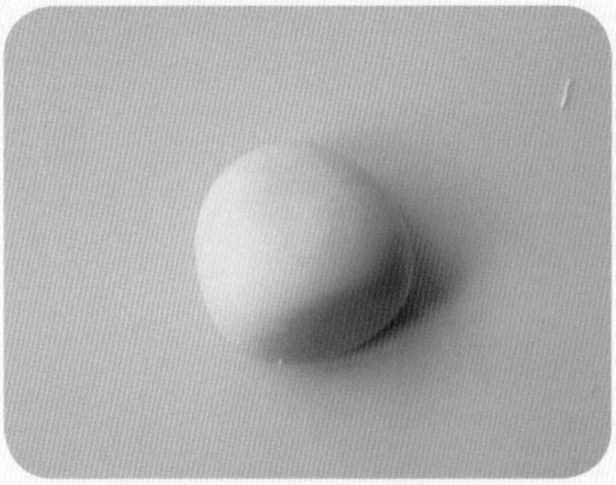

17. 小怪兽头型制作。使用步骤 16 调好的浅蓝色黏土揉捏至如图所示的饭团状。

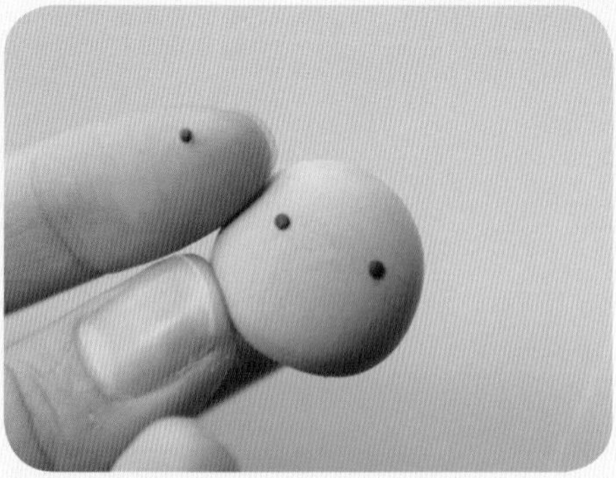

18. 粘上眼睛。

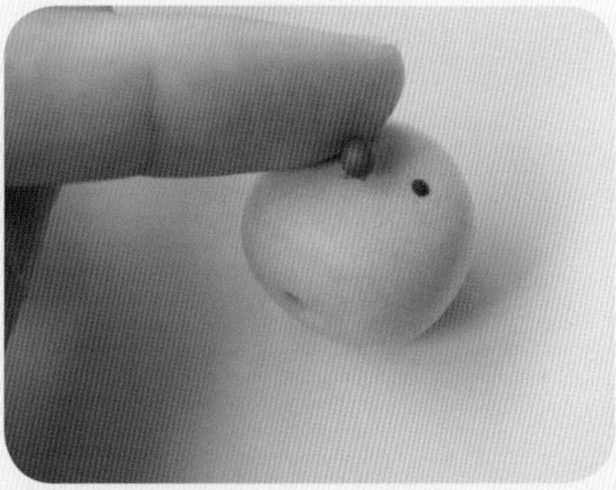

19. 红色黏土搓圆，粘上鼻子。

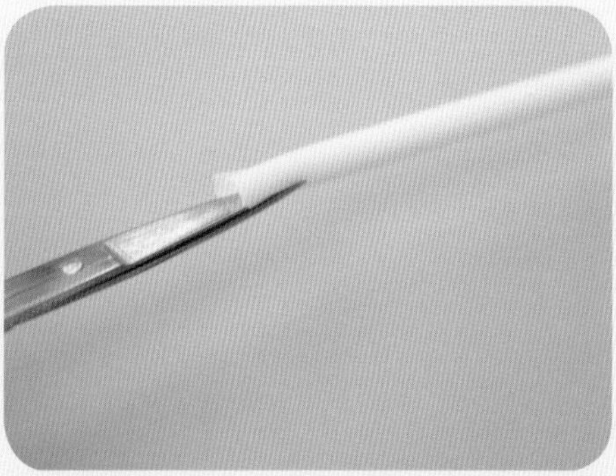

20. 微笑嘴的制作。平时喝饮料剩下的吸管用剪刀剪开，根据作品嘴巴的大小保留 1/3 或 1/4。

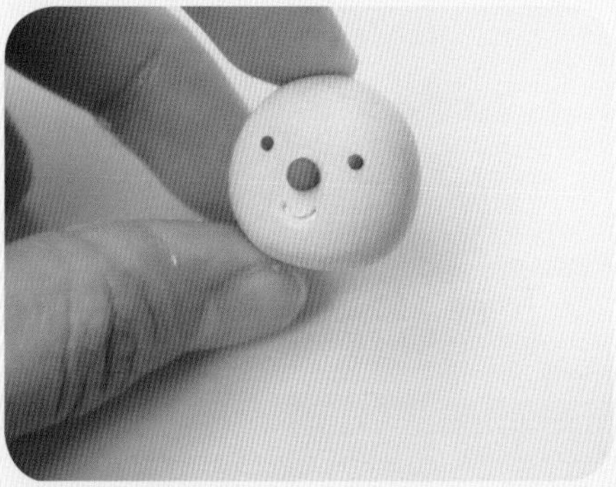

21. 趁面部未干透，快速用吸管压出嘴巴的弧度，这个小技巧广泛适用于需要微笑嘴巴的作品。

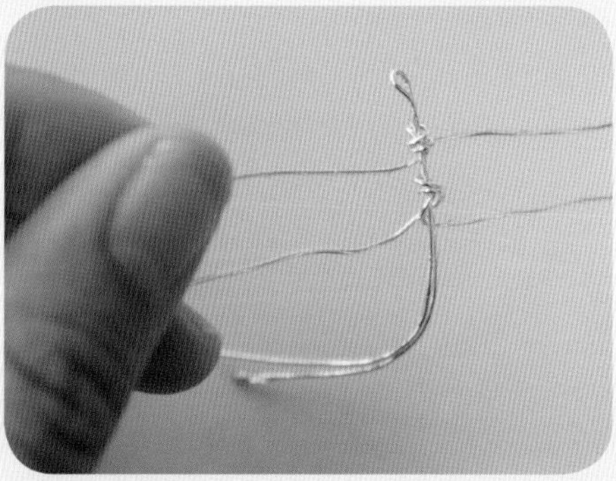

22. 身体骨架。与雪人的骨架制作类似，不同的是要多缠一条制作双足，因为有尾巴的关系，身体的长度也要够长。

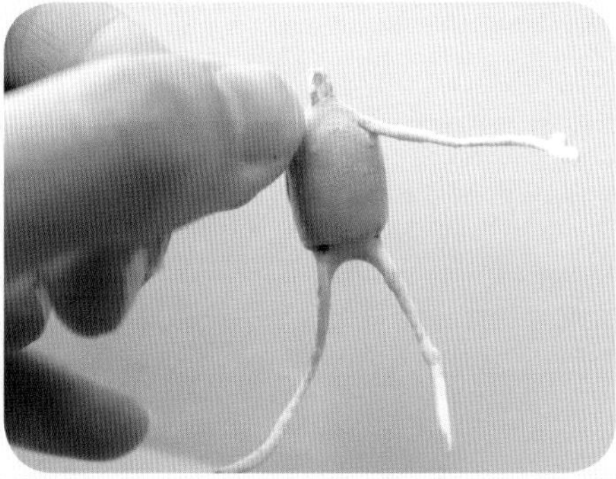

23. 身体完善。用同色系黏土覆盖全身。

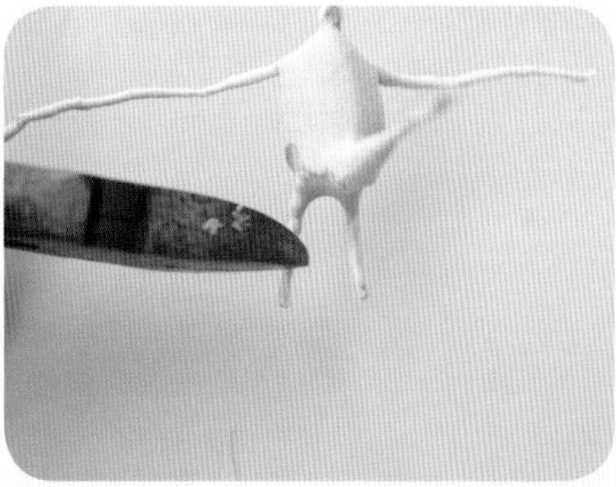

24. 确定比例。头和身体的比例大致 1:1 到 1:1.5，根据这个比例剪掉多余的部分。

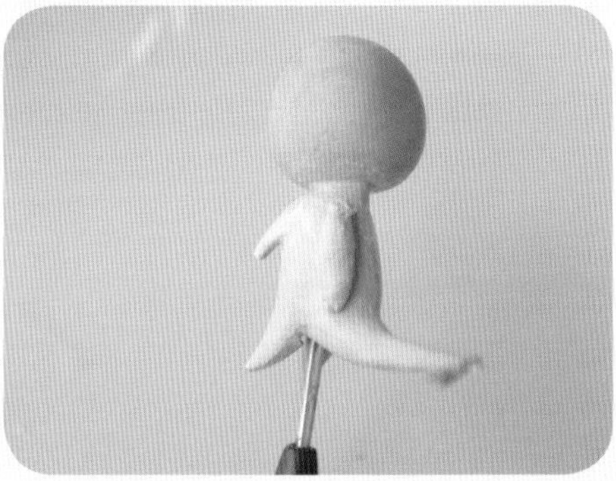

25. 连接头部和身体。同样用黏土遮盖接缝处，随即根据身体的比例继续覆盖黏土。

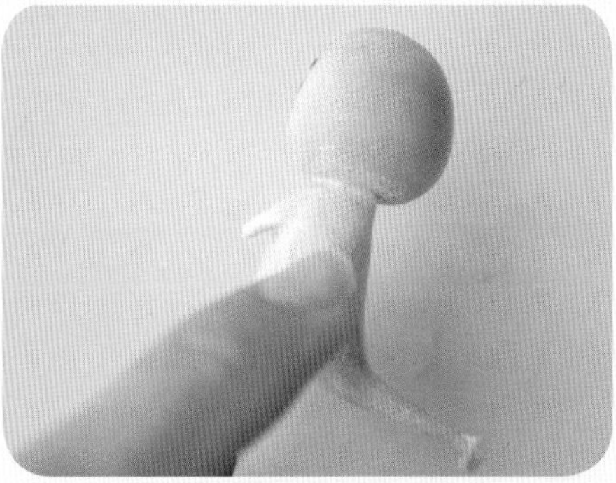

26. 如果在制作过程中黏土变干了，可以用水喷一下，恢复黏性。

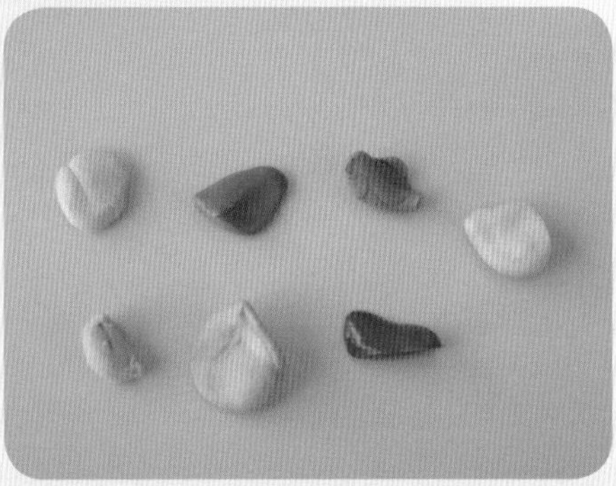

27. 调制彩色黏土。制作彩色黏土最方便的方法是用水彩颜料直接和白色黏土调和。

28. 鳞甲的制作。把步骤 27 中的彩色黏土逐一擀成薄片，风干后剪成如图所示的三角形。

29. 用镊子小心翼翼地排列整齐。

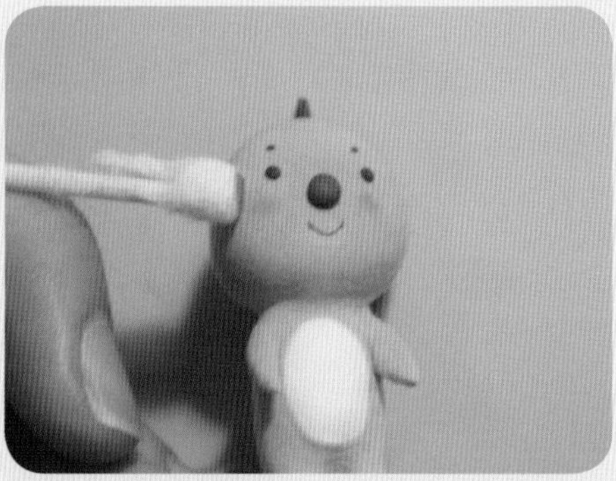

30. 腮红的部分可以使用粉笔或者化妆用的红色腮红。

31. 底座的制作。揉一块冰淇淋色的黏土把小怪兽以及小雪人放上去，等待风干。

32. 粘上花盆即可完成作品的制作啦！

蕾胖遇上麦格猫

●制作者／弹力龟
●动漫形象作者／喵呜、梨露子

一个是爱摆臭脸爱报复的傲娇萌猫蕾胖，
一个是勤俭持家又会做饭的好男人麦格猫，
当喵呜《有猫在》里的蕾胖和梨露子《猫兔疯》里的麦格猫两者相遇，选哪个好呢?
难以抉择的话不如自己动手，全部抱进你的碗里吧!

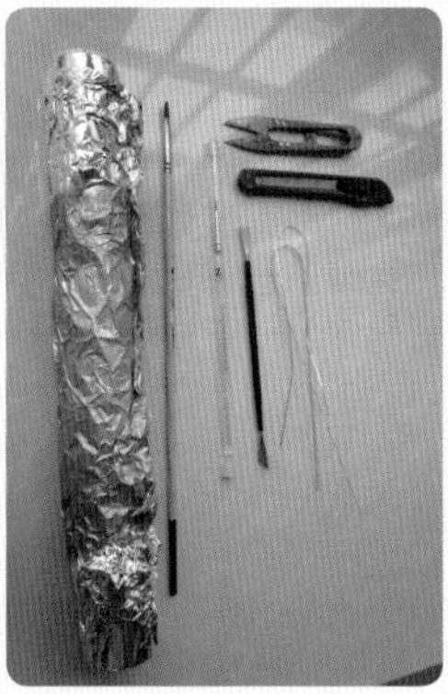

材料：超轻黏土（红、黄、蓝、黑、白，五色黏土）
工具：锡箔纸、水粉笔、描线笔、剪刀、美工刀、铁丝

▶ 麦格猫制作步骤：

1. 蓝白黏土混合的比例大概是 1:9。

2. 混合出浅蓝色黏土（量可以稍微多一些，后面用得上）。

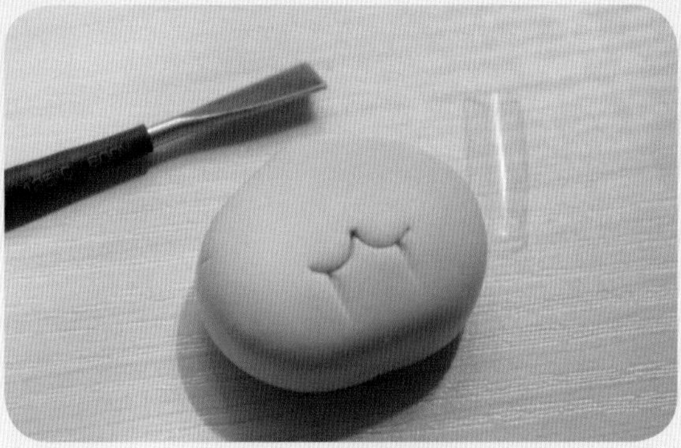

3. 把混色完毕的黏土捏成一颗类似板栗状或是洋葱状的头部；用吸管和美工刀压出如图所示形状。

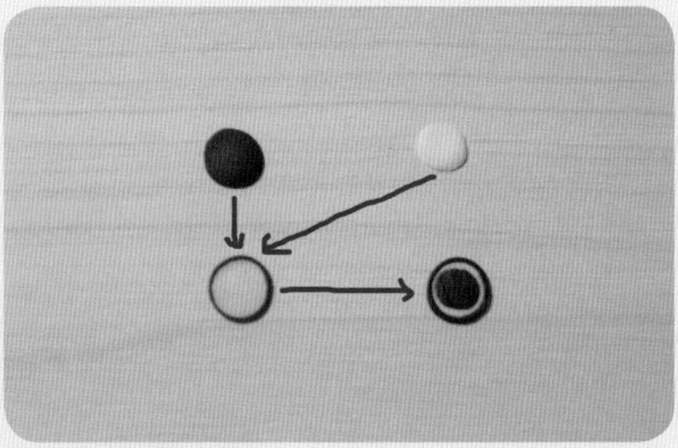

4. 分别压出两薄片，黑色比白色稍大一些，叠加在一起，再覆盖更小一圈的黑色薄片。

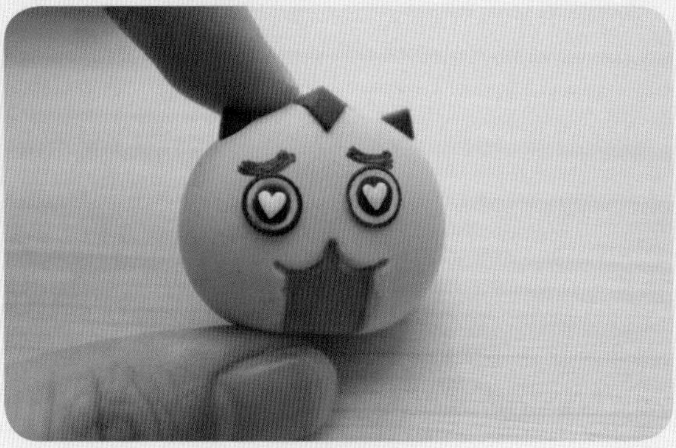

5. 步骤 4 做两次，再用白色黏土制作两个爱心，粘在一起即可成为麦格猫的爱心眼；用黑色黏土捏出如图所示的耳朵和头发？（貌似是……）；红色黏土填充嘴巴的位置；眉毛直接用普通极细水笔绘制。

6. 同样是用两根铁丝如图所示拧在一起（注意头身比例大约 1:1），制作出身体的骨架部分。

7. 用多出来的蓝色黏土覆盖在骨架上（重点是身体部分偏长方形），风干待用。

8. 用水笔描出嘴巴的轮廓和一些面部的细节，黄色黏土捏出四个角的梦想之星。

9. 身体和头部连接的缝隙可以用黏土蘸水抹平，在这个步骤可以粘上用黑色黏土制作的热血之心。身体的部分制作完成（手的位置多出来的铁丝不要剪掉），接下来制作相机的部分，相机是以 GF2 作为范本。

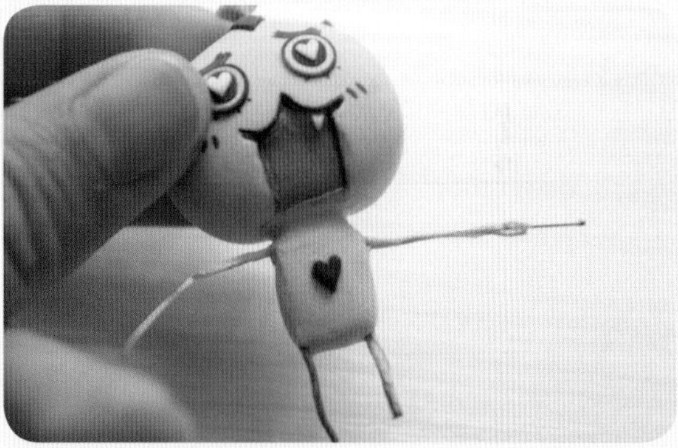

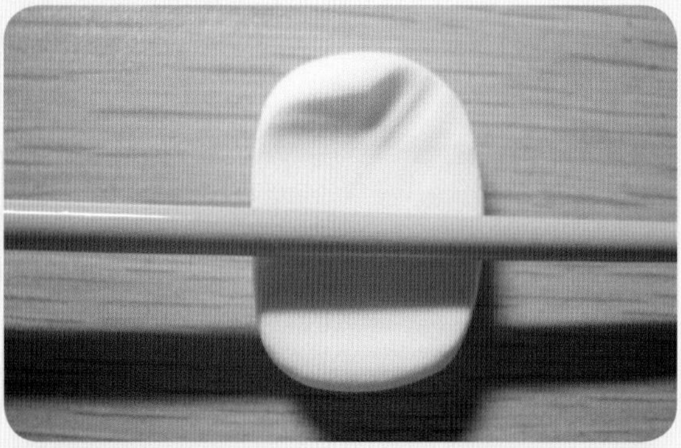

10. 白色黏土搓圆；用笔杆擀平黏土到1/5处留出如图所示的凸处。

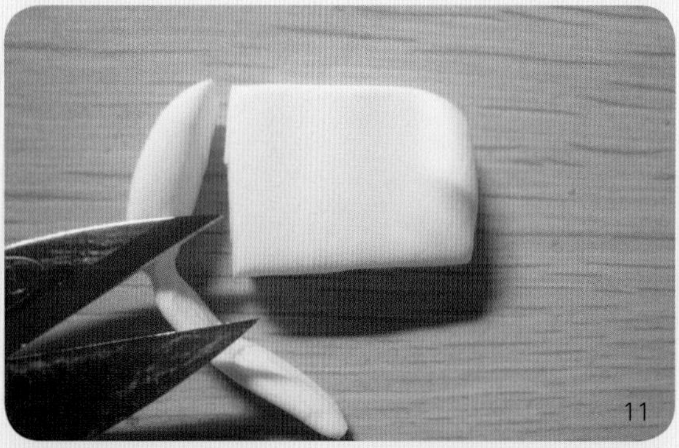

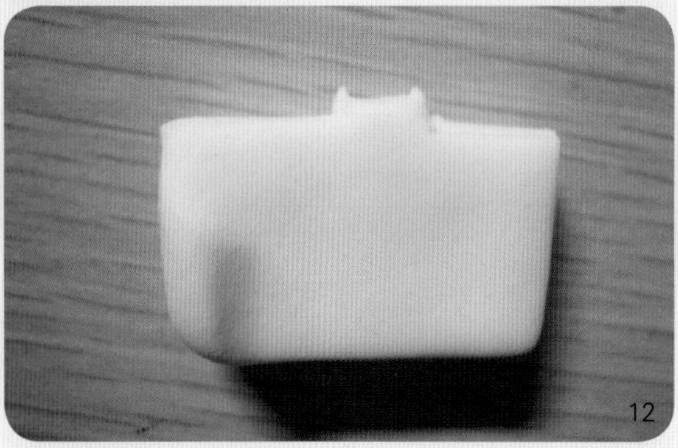

11+12. 用剪刀剪出大致的相机边缘。

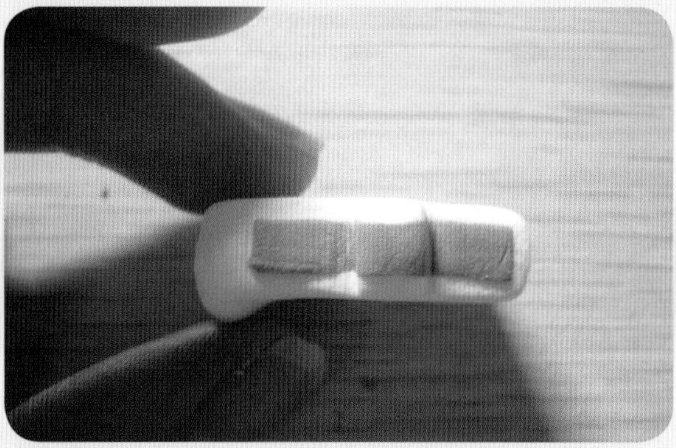

13. 灰色黏土擀平，剪出一条粘在相机边缘。

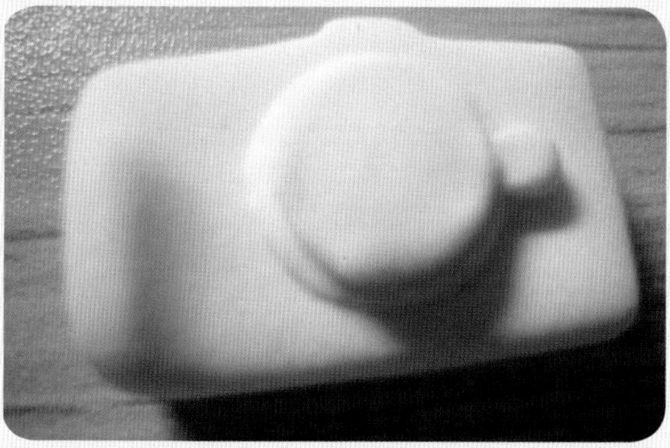

14. 用两片被擀平的白色黏土粘在镜头大致的位置；在右边部分多粘上一小块制作出按键。

15. 灰色和黑色黏土搓至扁圆连接，黑色部分边缘用小刀划出纹路；在中间粘上灰色黏土制作出镜头。

16. 把制作好的镜头连接到机身上；用些许的黏土制作出 GF2 的一些小按键；最后用描线笔画出数字和 LOGO（这个部分比较花时间，需要细心绘制）。

17. 把手位置那里的铁丝直接镶入相机的两边即可完成拿着相机的麦格猫。

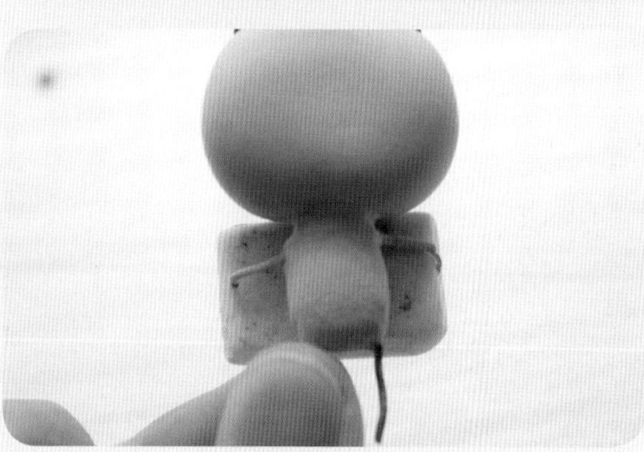

材料：超轻黏土（黄、红、蓝、黑、白）、铁丝
工具：钳子、剪刀、镊子、绘线笔、白胶、黏土工具两件套

▶ 蕾胖制作步骤：

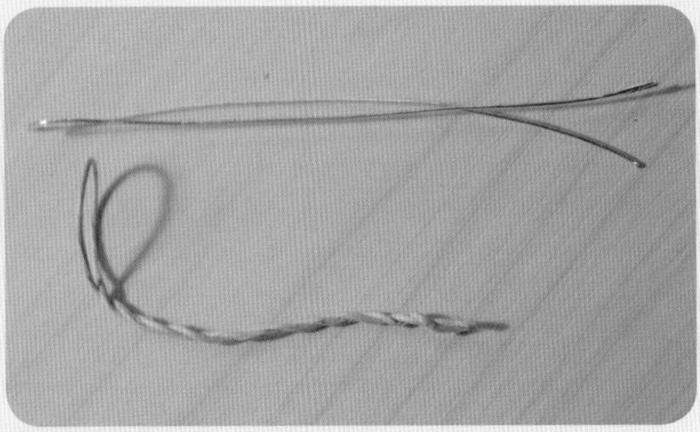

1. 准备两根铁丝。一根对折；一根从尾端开始扭成麻花状，到 3/4 的位置停下（这个位置是头部）。

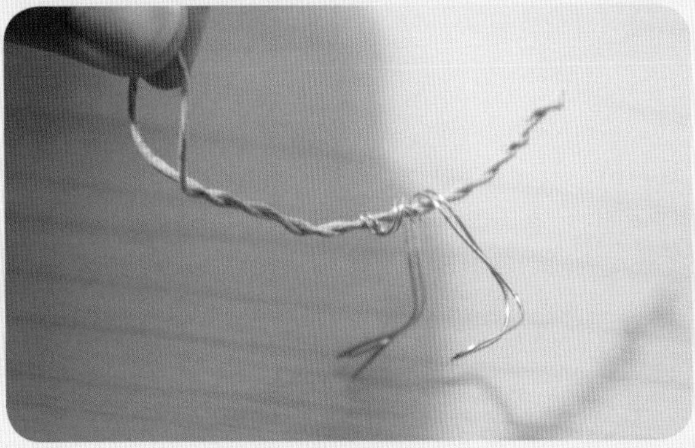

2. 把对折好的铁丝绑在麻花状铁丝上，位置如图。

3. 为了节约黏土，在身体内部包裹锡箔纸。

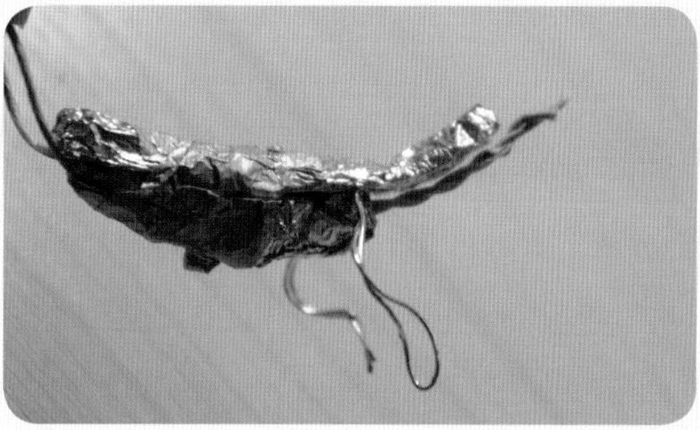

4. 在头部的位置用黑色黏土大概捏出猫头形状，待干。

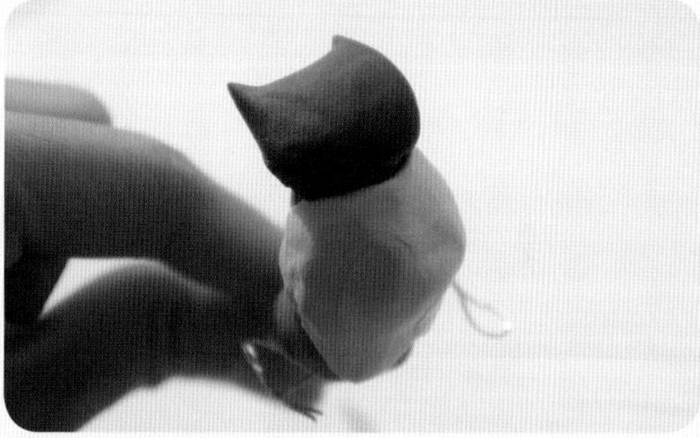

5. 身体的部分则覆盖一层黏土，待干。

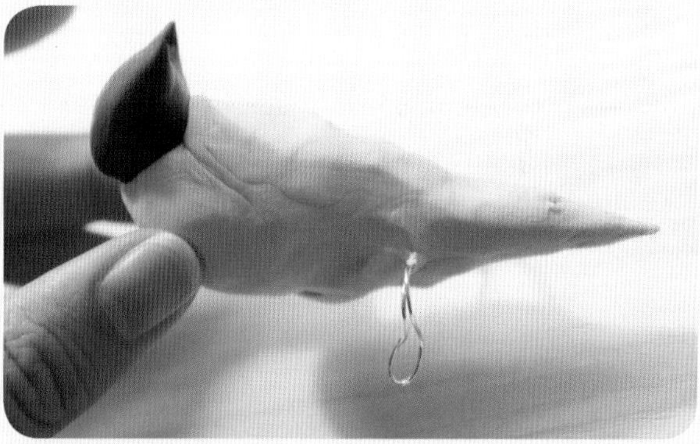

6. 白色黏土捏出如图所示的形状覆盖在面部，记得边缘的地方需要蘸水耐心按压，方可使两色过渡均匀。

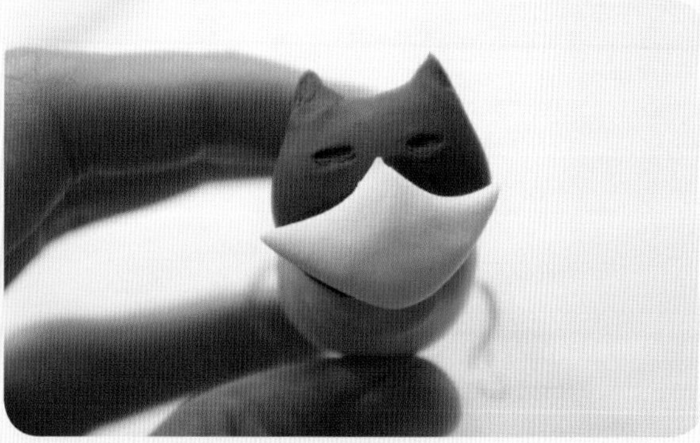

7. 一般的绿色往往比较鲜艳，可适当添加黑色调和，量按自己的喜好。

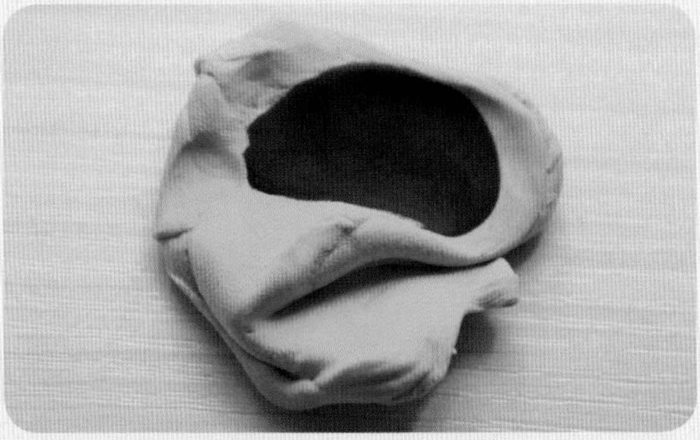

8. 将调和完毕的绿色黏土小心覆盖在蕾胖身上（大致形状如图）。

9. 用食指和拇指捏住头下方的位置轻按，保留出未来前肢的位置；在面部用美工刀划出鼻子嘴巴的纹路，用小量白色黏土粘上眼睛。

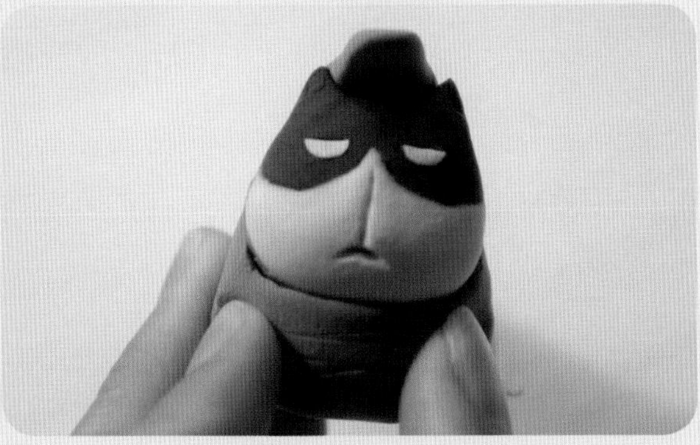

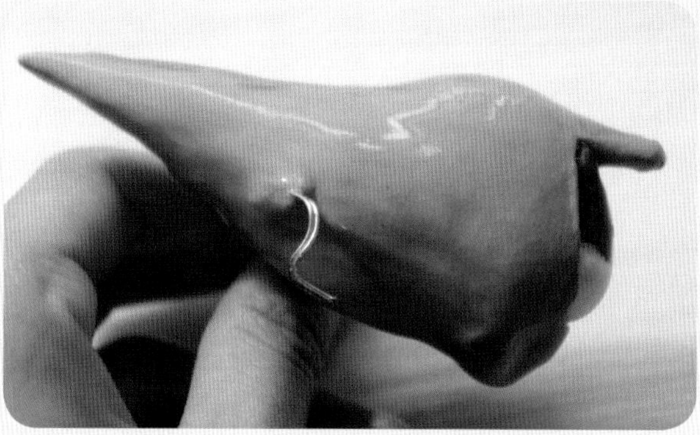

10. 继续用步骤 7 中调和的黏土覆盖身体的部分，诀窍是加水成糊状，像粉刷墙壁一样一气呵成。

11. 绿色黏土擀平，风干后剪出若干个三角形。

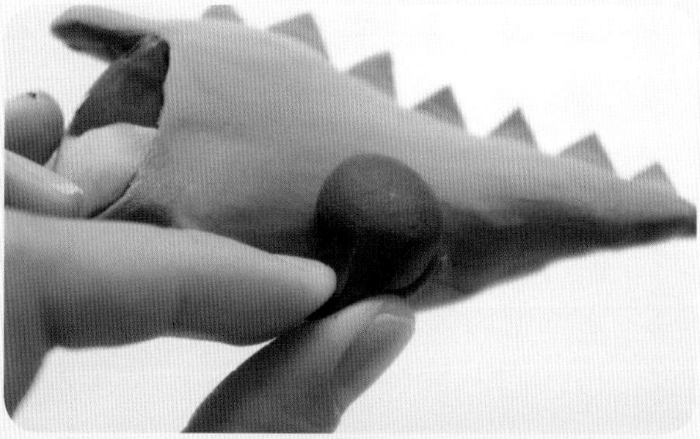

12. 依次把步骤 11 中的三角形粘（用水或是白胶皆可）在鳄鱼服的背上；随即在腿部位置覆盖上黑色黏土后待干，形状类似一个大逗号。

13. 牙齿的制作同步骤 11；蕾胖爪子是白色的，记得在爪子的部分覆盖上一层白色黏土；这时候记得用戳子戳出鳄鱼服的鼻孔。

14. 这个步骤主要完成一些收尾的细节。圆珠笔画眼睛；粉色黏土粘耳朵与鼻子；白色黏土制作出鳄鱼服的眼睛等等。

拍照一次猫罐头一个，愚蠢的人类！
好潮的鳄鱼装哇，求合影！

期待爱情的小云朵

●制作人、动漫形象作者/CLOUDY

心雨滂沱时，你是否正在等待有人递来一把雨伞替你遮风挡雨？
天气寒冷时，你是否希望有人递来一杯热水温暖你的心窝？
如果你依然相信爱情，就和小云朵一起等待吧！

▶ 材料和工具：

材料：超轻黏土（红色、白色、黑色、黄色、咖啡色、草绿色）、色粉
工具：镊子、塑形工具、棉棒

▶ 步骤：

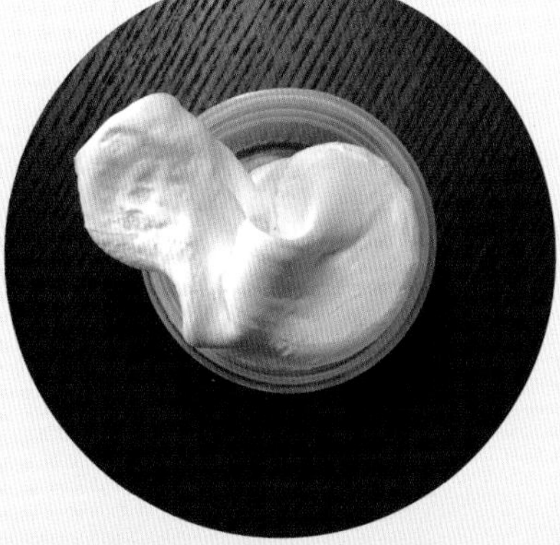

1. 首先用到的是白色黏土，使用前先将超轻黏土揉搓让其完全软化，这样会方便我们接下来的塑形。

2. 用白色黏土揉搓出一个大的椭圆和两个小的圆形。

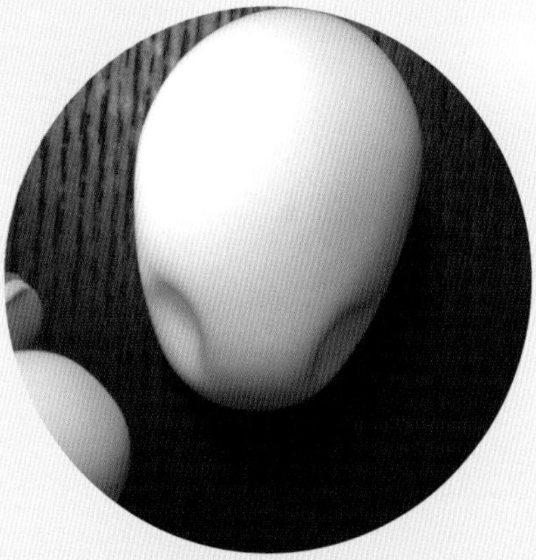

3. 用手指在椭圆底端的两侧分别戳出两个凹洞。

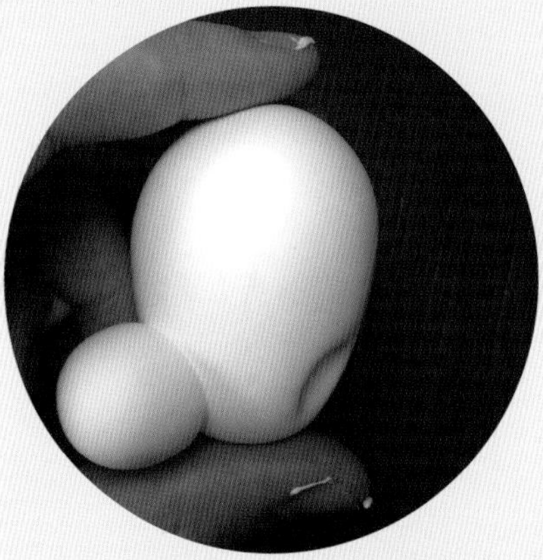

4. 把之前捏好的两个小的圆形轻轻放进凹槽处，然后超轻黏土会自然地融合在一起，如果没有融合可以在接口处喷些水。

5. 融合好后，小云朵的头部轮廓就基本完成了。

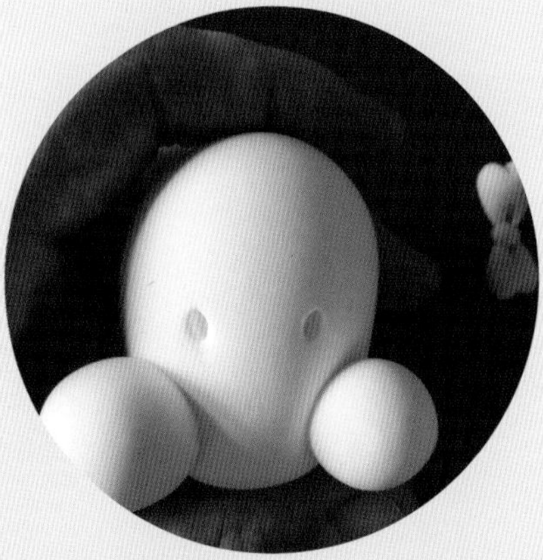

6. 用之前准备的工具在头部点出两个凹槽，也就是之后我们要做的眼睛，注意位置和凹槽的大小要控制好，不然就前功尽弃了！

7. 拿出之前准备的色粉，用刮刀刮下粉末，颜色可以根据自己的需要调和。

8. 用棉棒沾取色粉涂抹在之前的凹槽处，画出眼睛周围的阴影。

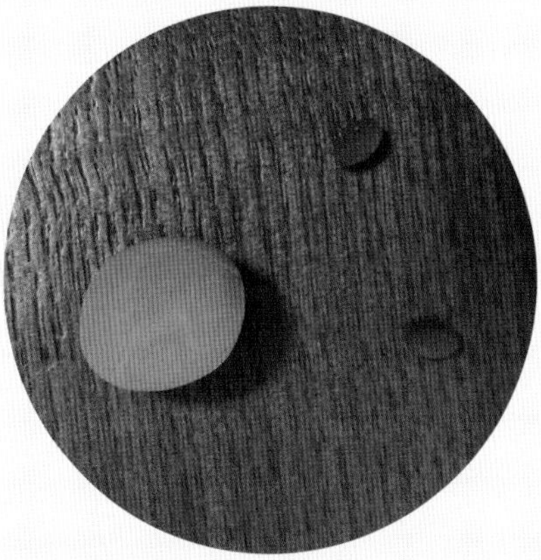

9. 用黑色黏土捏出眼珠，注意大小要可以刚好放进之前的凹槽中，用红色黏土捏出鼻子。

10. 把它们粘在小云朵的头上，如果把握不好鼻子的位置可以拿笔直接画在超轻黏土上。

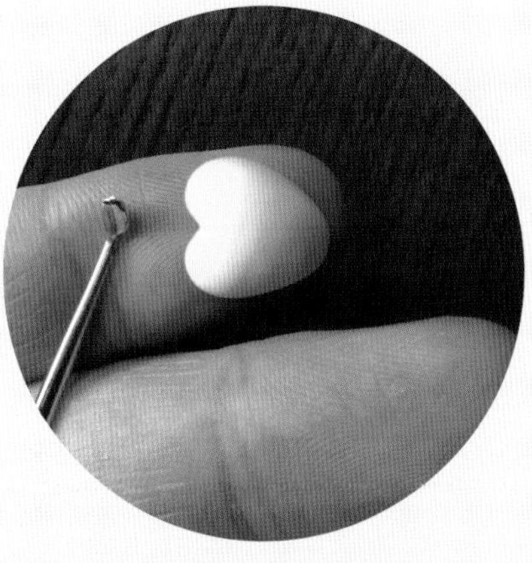

11. 接着我们用黄色的超轻黏土来做小云朵的领结，可以利用工具先做出两个心形的蝴蝶结。

12. 把它们粘在一起，用工具在接口处按下两个凹槽做蝴蝶结的褶皱。

13. 把做好的蝴蝶结粘在头部，这样小云朵的头部就基本完成啦!

14. 接着来做小云朵的身体，和之前的步骤基本一致，捏出一个圆形。

15. 把捏好的身体和头部粘在一起。

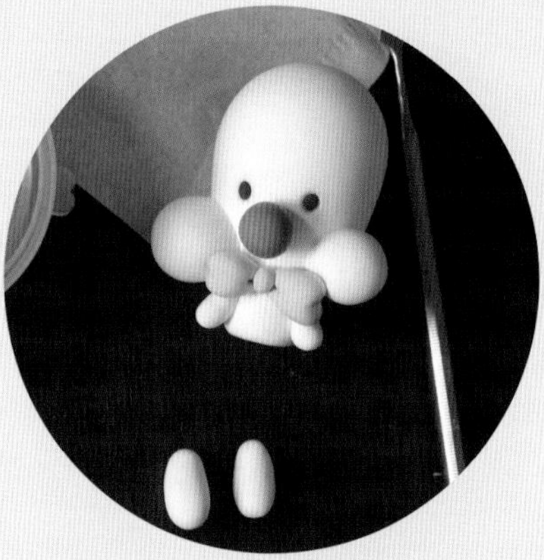

16. 捏出小云朵的四肢然后粘在身体上，小云朵就基本完成了，接着就是制作配件。

17. 用红色的超轻黏土捏出一个扁的长条形。

18. 把它卷起来就变成了一朵火红的玫瑰花，依次做出数朵。

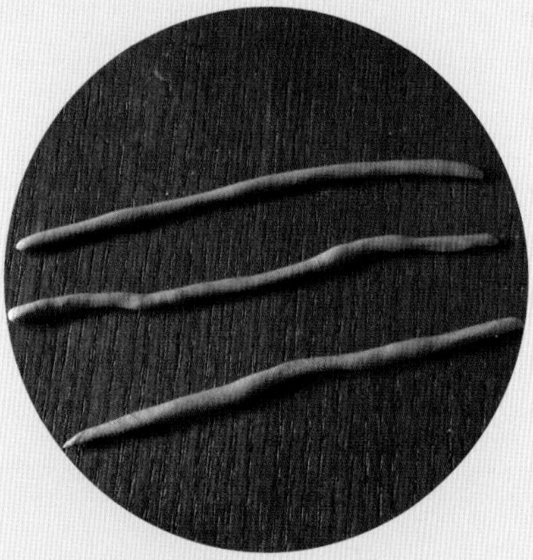

19. 用咖啡色的超轻黏土搓出三长条长线。

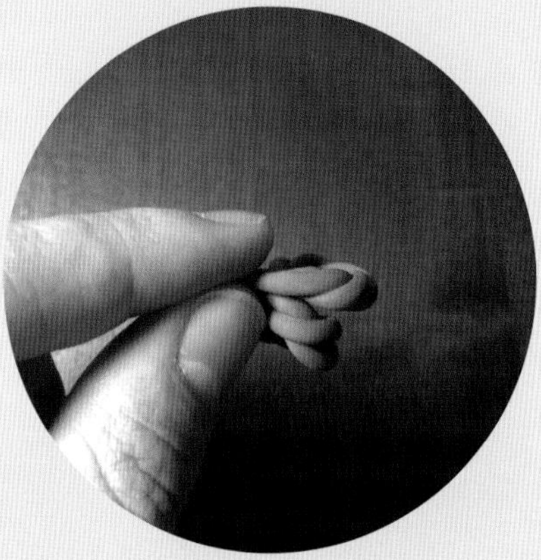

20. 然后把它们卷在一起，就变成了装玫瑰花的花篮。

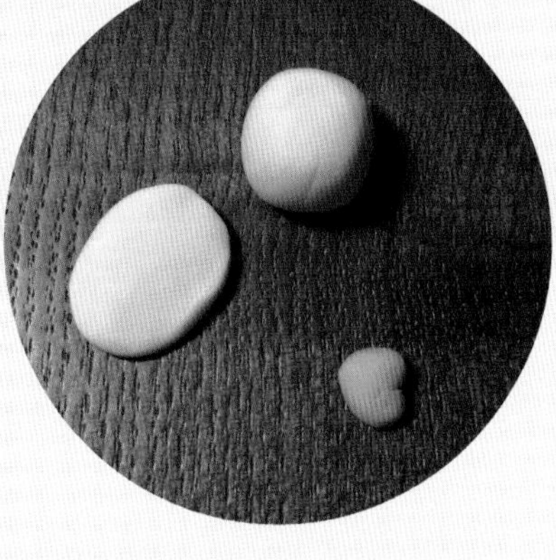

21. 用黄色黏土捏出一个圆片和一个半圆，再用橘黄色黏土捏出一个桃心。

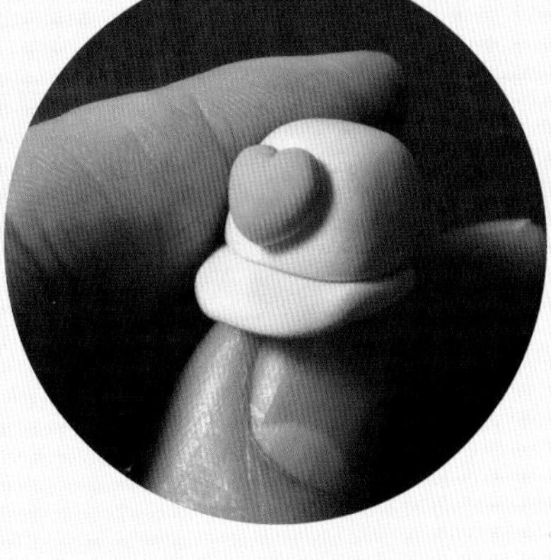

22. 把它们粘在一起就变成了小云朵的帽子。

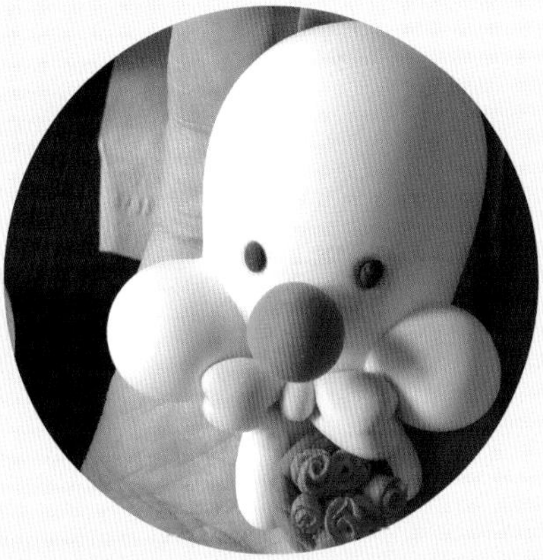

23. 把制作的道具分别粘在小云朵的身上，这样一个抱花等待的小云朵就完成了。

24. 最后来做一个小云朵的底座，用快要干掉的超轻黏土，这样撕开它，里面会出现气泡海绵状的肌理，用这些肌理做一个草垫！

25. 把小云朵放上去就大功告成啦！！

26. 把它放在多肉之中是不是突然觉得一下子变得生动起来了！

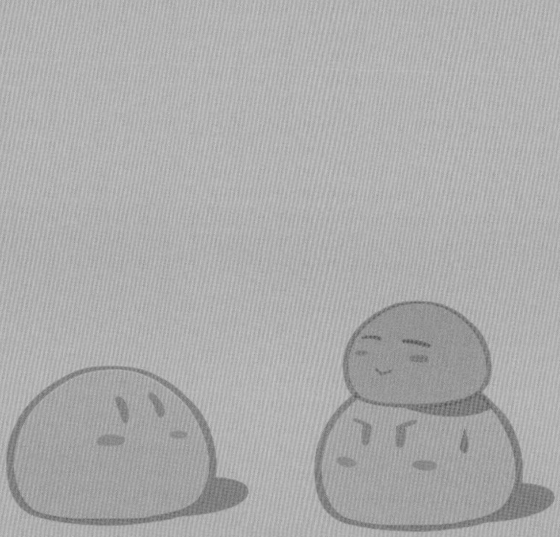

饰品篇

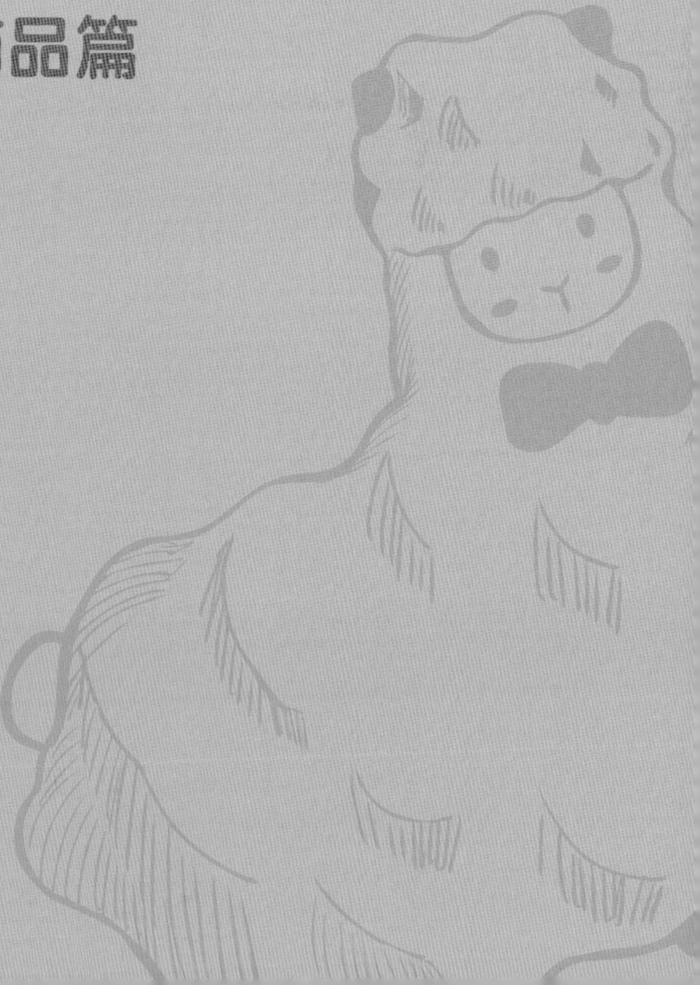

将「爱」戴在身上

——白兔子胸章

●● 制作人／麦麦饼
动漫形象作者／小爱

到了伤春悲秋的季节，你是否和黑兔子一样，时常觉得孤独，渴望有一颗温暖的心为你抗寒？一起来做一枚白兔子胸章，让它为你注入“爱”的能量吧！

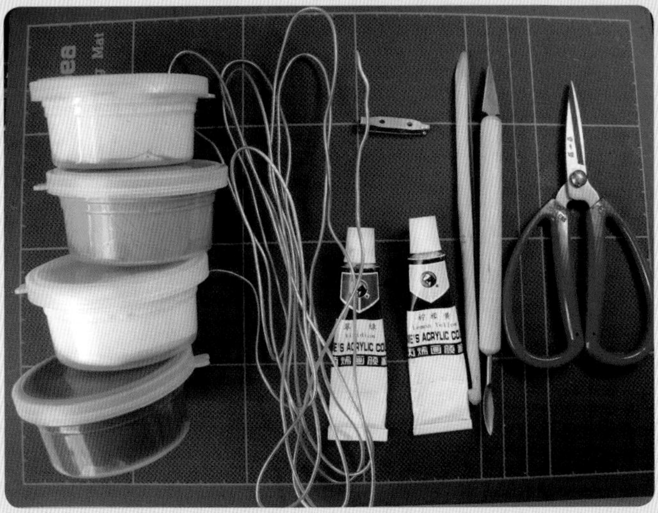

材料：超轻黏土（白色、肉色、绿色、棕色）、颜料（黄色、绿色）
工具：铁丝、剪刀、塑形工具、别针

▶ **步骤:**

1. 取适量白色黏土搓成团。

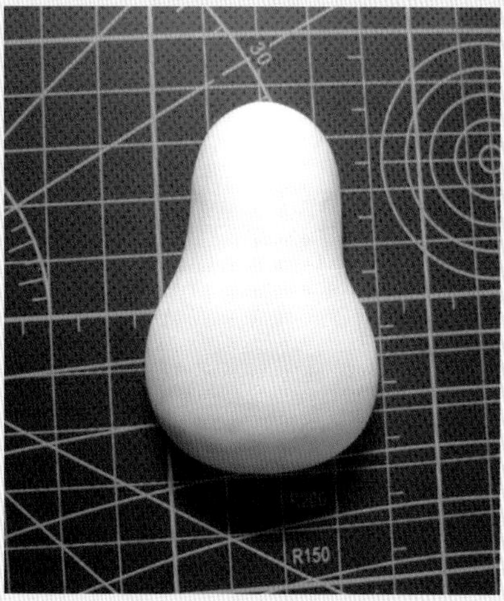

2. 将白色黏土轻压，搓成白兔子葫芦形的身体。

3. 取适量棕色黏土和一小部分红色黏土混合成棕红色。

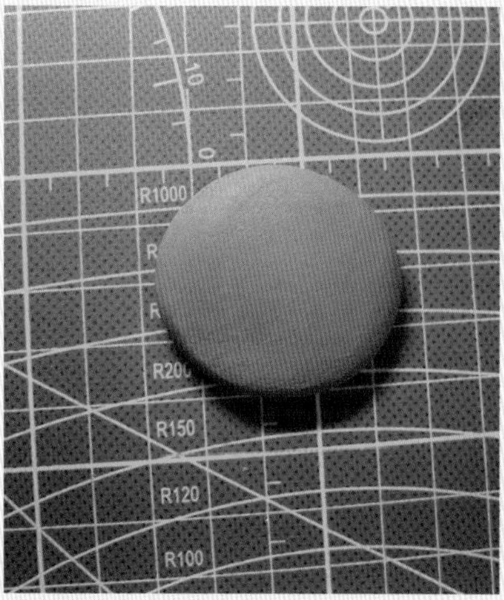

4. 将棕红色黏土压扁，然后用棍棒将其擀成片状。

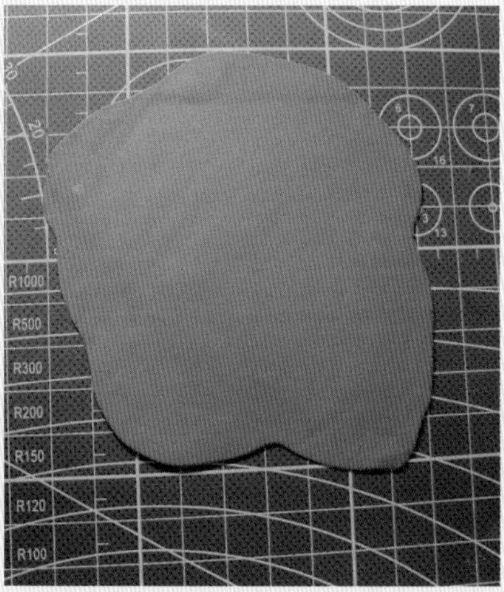

5. 将棕红色黏土盖在成形的身体上，慢慢铺平做成衣服。

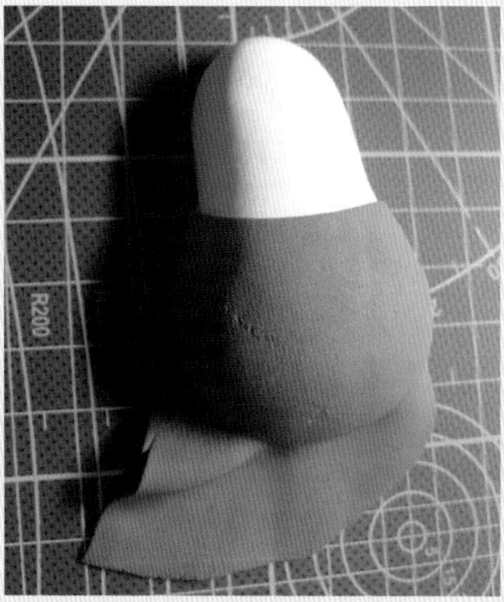

6. 翻过来，用剪刀剪掉多余的“布料”。

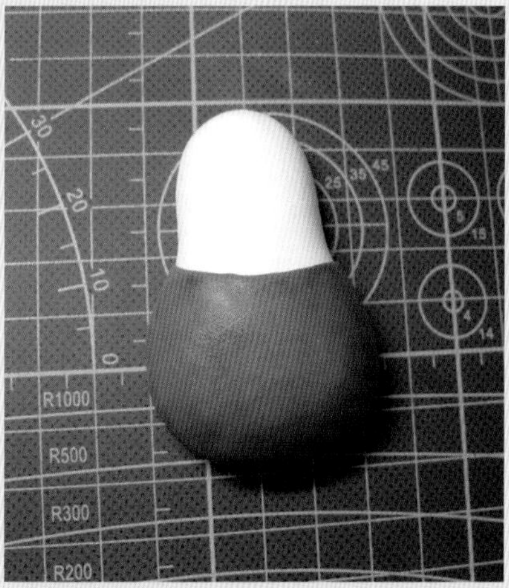

7. 白兔子衣服上不平的地方用水磨平。

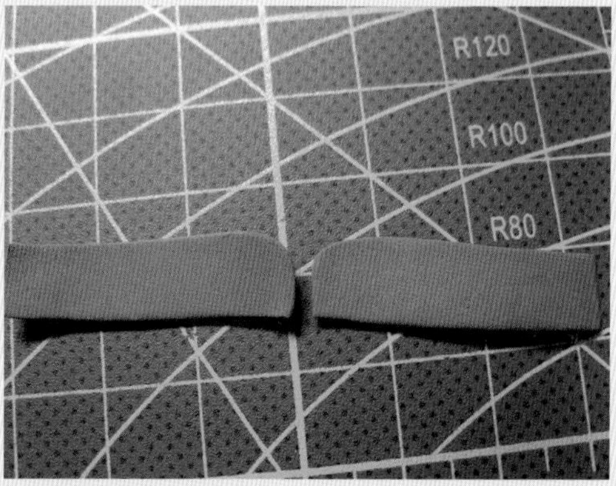

8. 剪两片长条形黏土做领子。

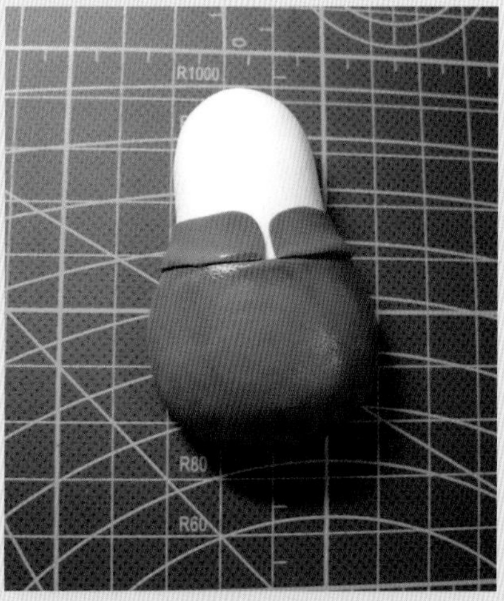

9. 放在脖子的位置，缝隙用水或者工具小心磨平。

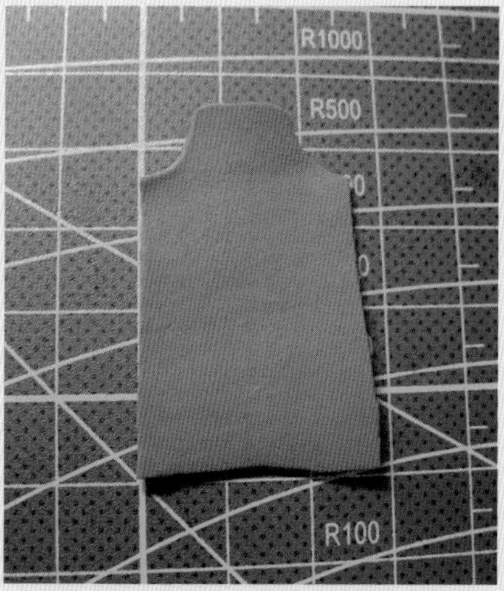

10. 剪一块凸字形的黏土做前片衣服。

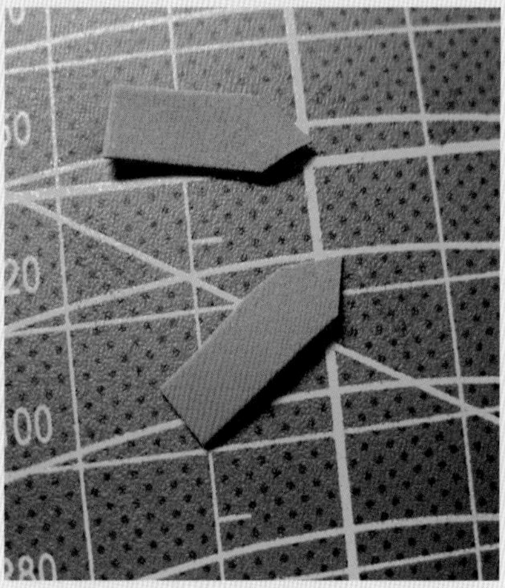

11. 剪两片肩章粘贴在肩膀部位。

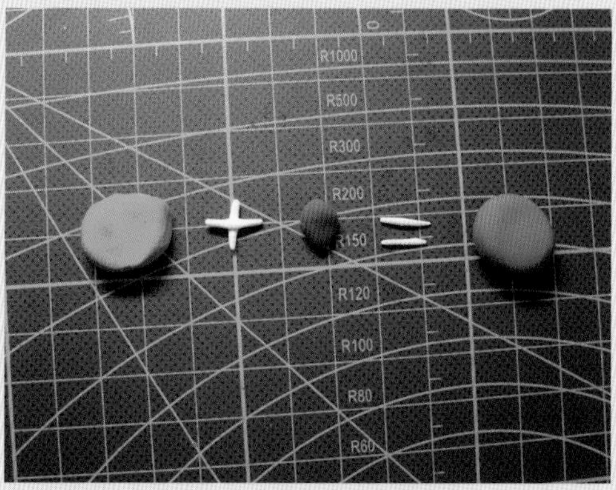

12. 用绿色黏土加一点点棕色黏土混合成墨绿色。

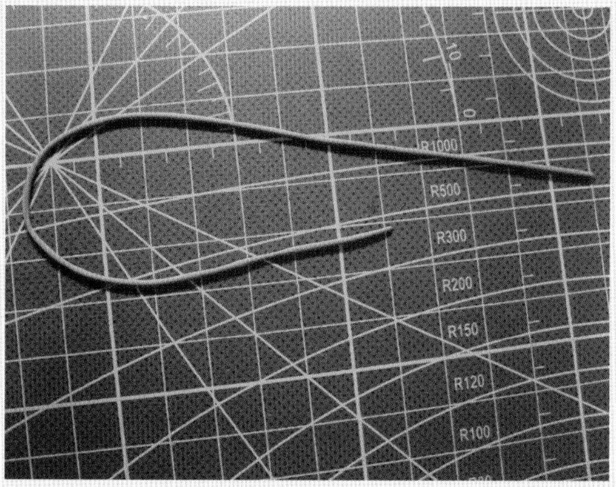

13. 将墨绿色的黏土搓成均匀的细条。

14. 把细条分别粘在领子、肩章和前片衣服的边缘。

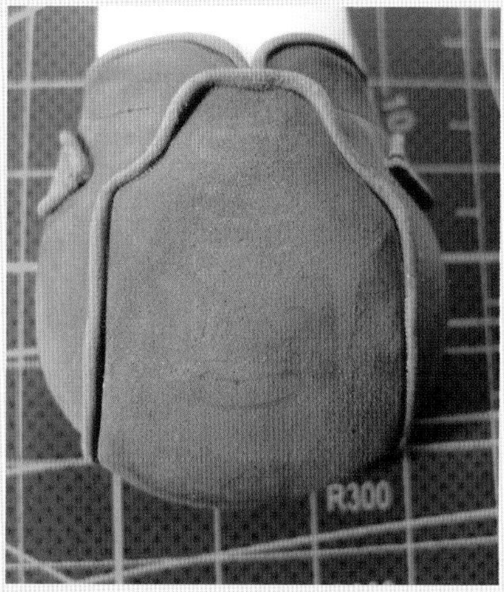

15. 用绿色颜料画出扣子的带子。

16. 搓 10 个小球，压扁做成扣子。

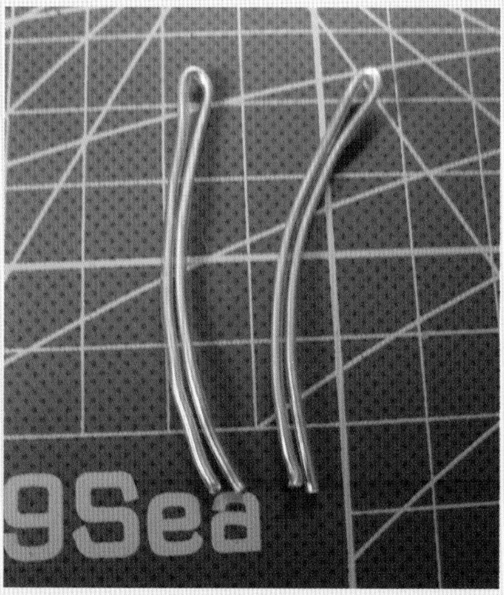

17. 取两段铁丝分别对折弯成兔子耳朵的长度。

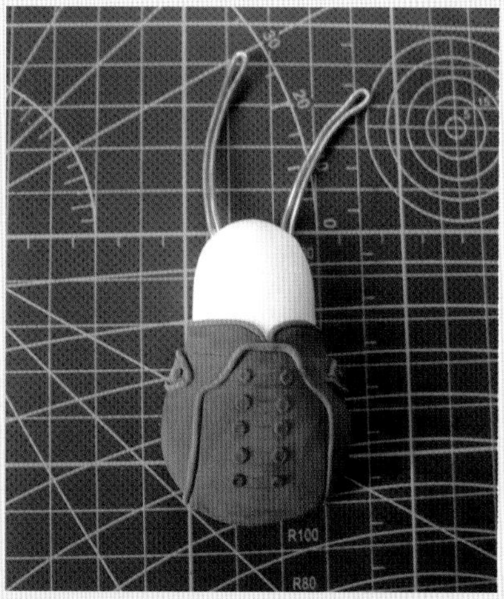

18. 在铁丝一端抹上胶水插在兔子头上。

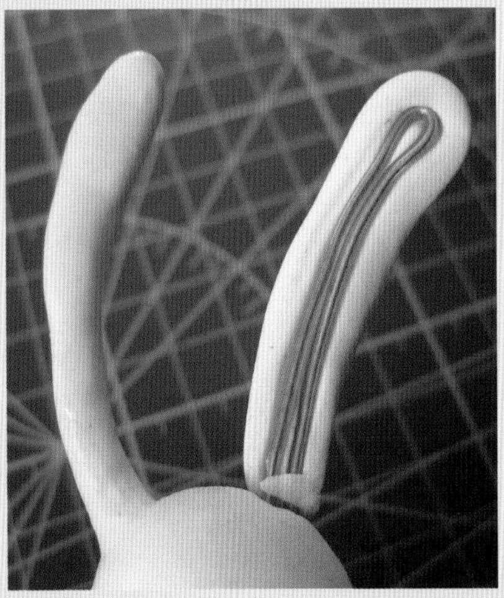

19. 取两小块白黏土，搓成适当长度的条形盖在铁丝上，捏成耳朵的形状。

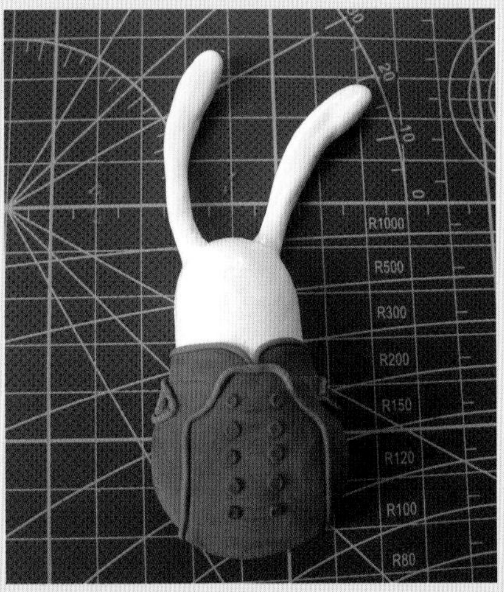

20. 用水磨平耳朵和头的连接处。

21. 取一块肉色黏土。

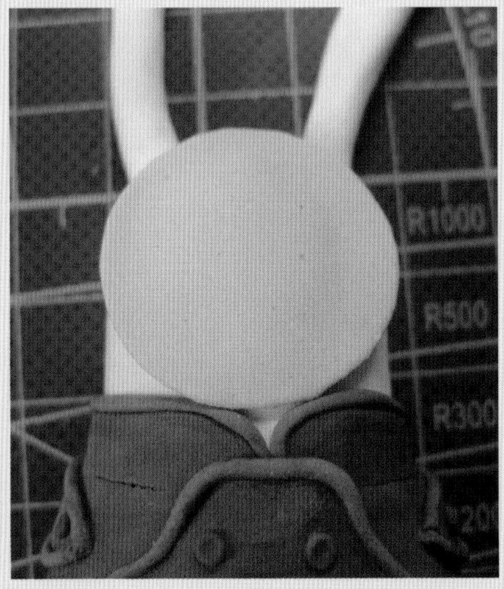

22. 把肉色黏土擀成片，剪成面具的形状盖在脸上。

23. 在面具上画上五官和耳朵。

24. 用 0 号勾线笔沾黑色颜料画出纹理，再用黄色颜料画出扣子的颜色。

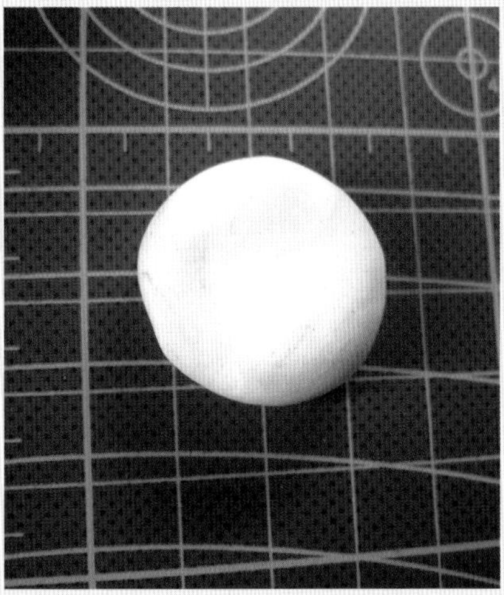

25. 取白色黏土搓团、压扁、擀成片。

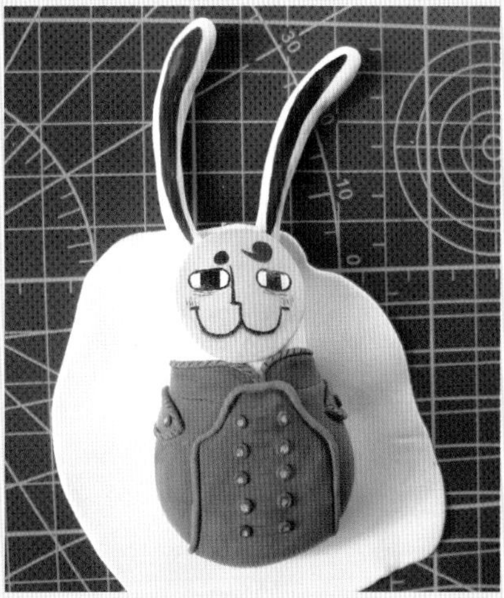

26. 把兔子放在白色的黏土片上，用针之类的尖锐东西沿着兔子身体轻轻戳一圈或者画线。

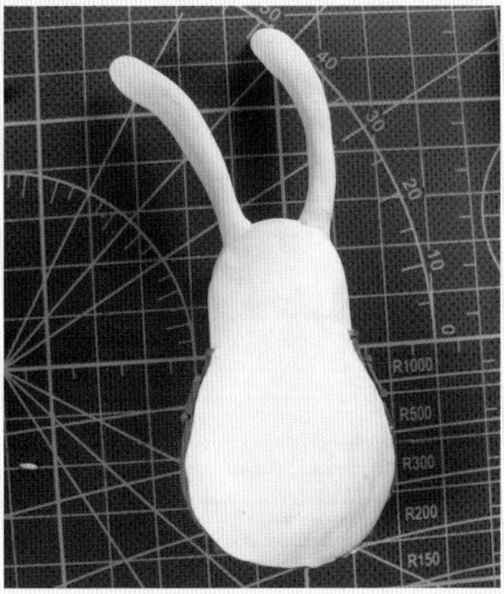

27. 翻过来，剪去多余的白色黏土。

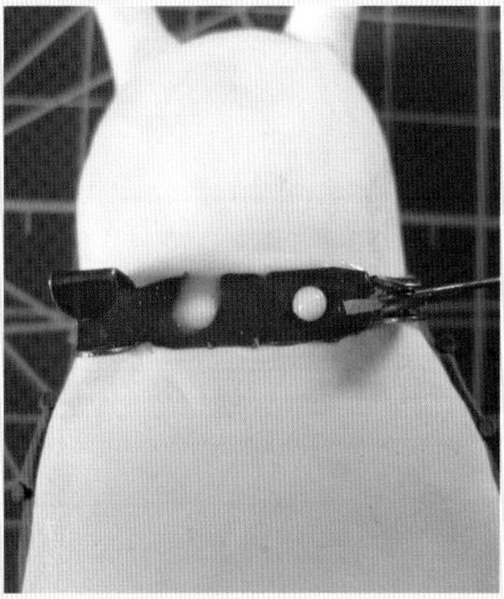

28. 在适当位置涂上白乳胶，粘上别针。好了，小爱的白兔子就完成啦！

羊驼挂坠

●制作人／晓兰

萌萌的『神兽』羊驼，有谁不爱？把它做成挂坠戴在身上，回头率爆灯！

材料：软陶（赭石色、黑色、白色、黄色），教程中所用软陶——Sculpey Premo

工具：塑形工具（丸棒、圆棒等）笔刀、腮红、羊角钉、带扣皮绳、502 胶水、牙签、勾线笔、毛笔、黑色丙烯颜料、烤箱

▶ **步骤：**

1. 取一块赭石色的软陶搓成球。

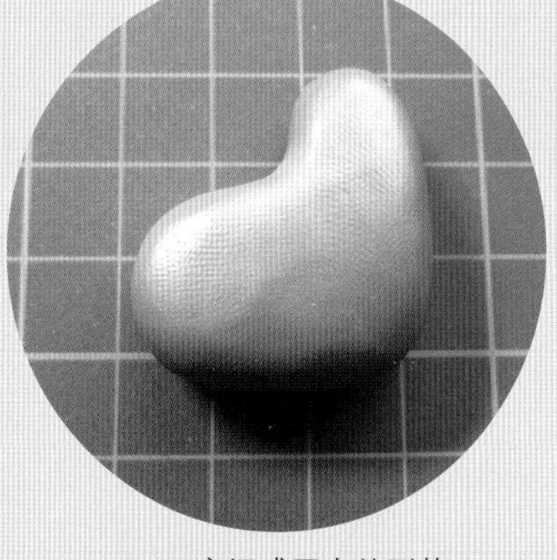

2. 压扁捏成图中的形状。

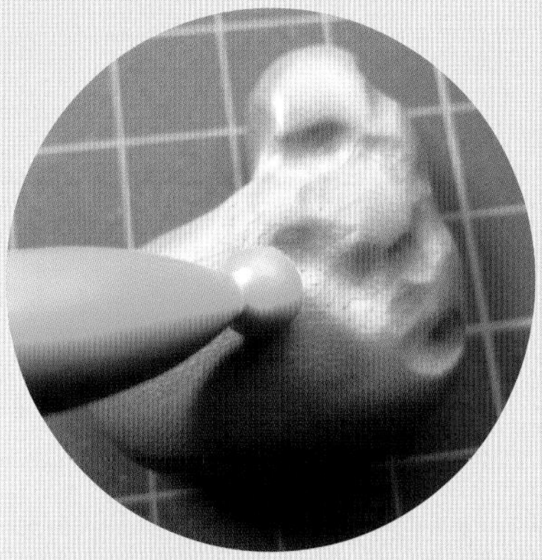

3. 用丸棒压出羊驼身体上的纹路，中间留个“小山坡”，一圈一圈地压。

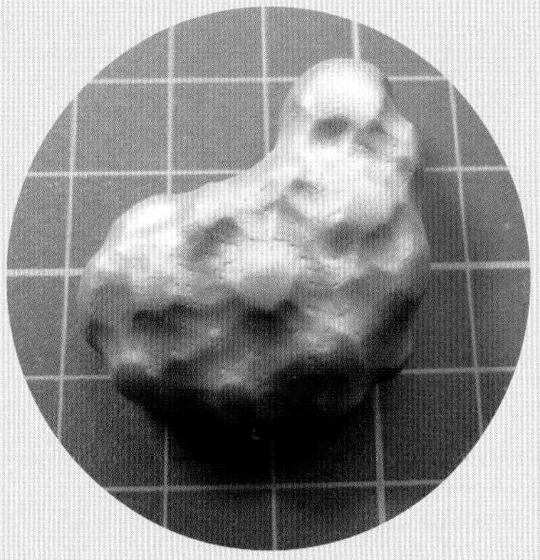

4. 脸部不压。

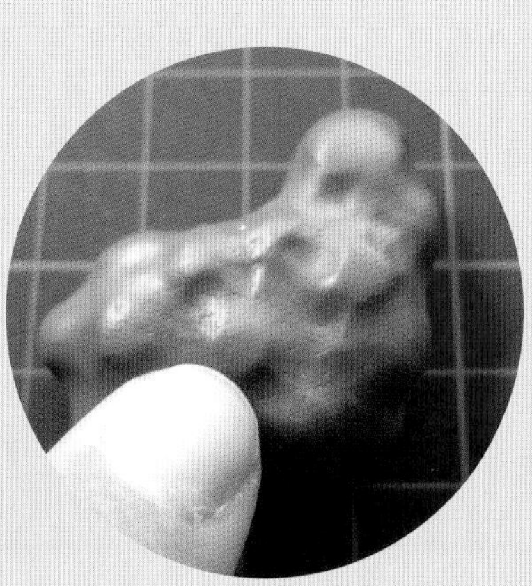

5. 用指肚细化丸棒压过的痕迹。

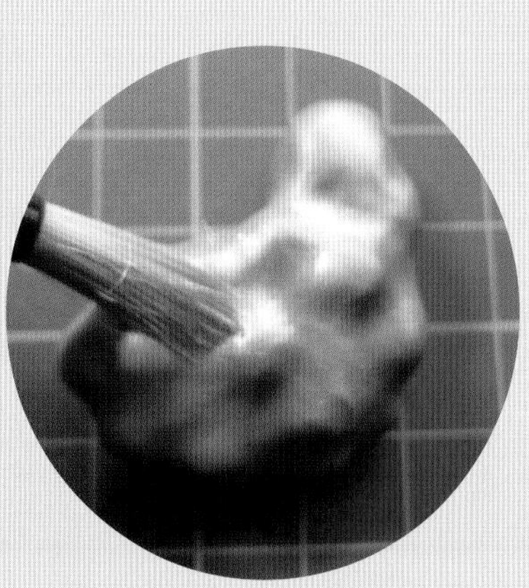

6. 如图，用软毛笔轻刷表面，去掉指纹。

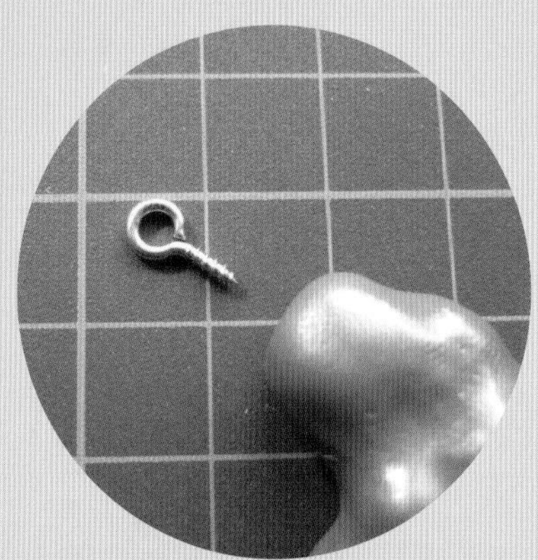

7. 羊角钉拧在头部的位置。

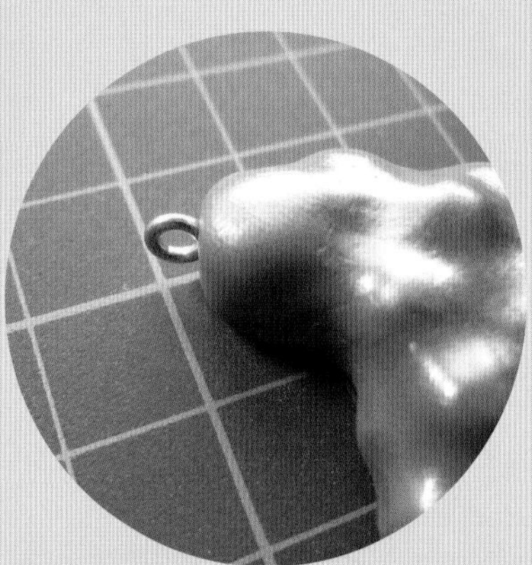

8. 如果直接套在皮绳上，那么羊角钉和头部是呈十字的，如果要在中间加扣，那么再把羊角钉转 90°　。

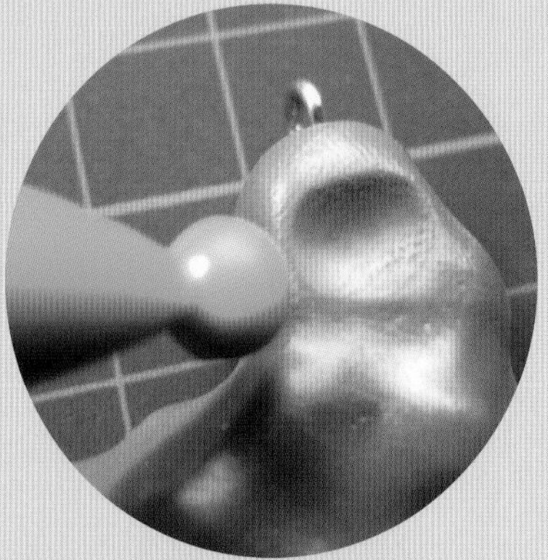

9. 用丸棒在脸部的位置压一个小坑。

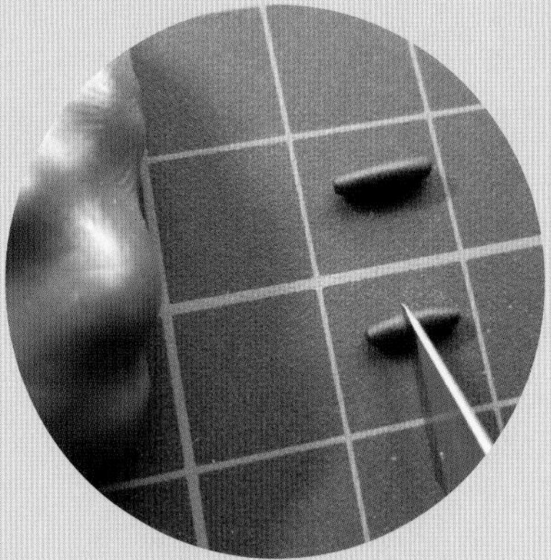

10. 取一小块黑色软陶，搓成长条从中间切开。

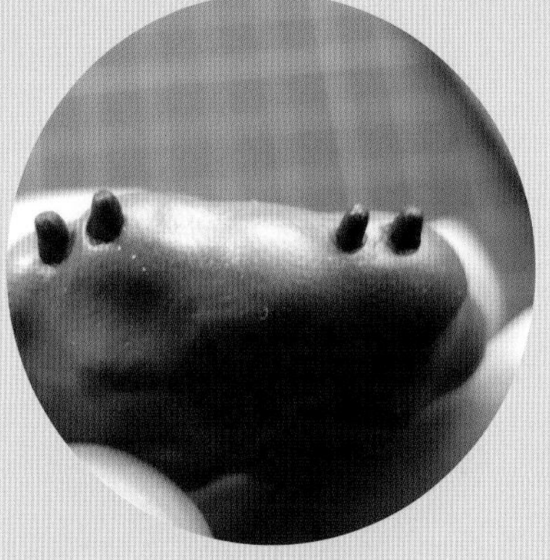

11. 做羊驼的腿，粘的时候用工具把边缘压实，然后进烤箱以 130℃ ~140℃烤 30 分钟左右。软陶不要直接接触烤盘，否则软陶容易焦掉。可以在烤盘上放一块瓷砖来隔热。

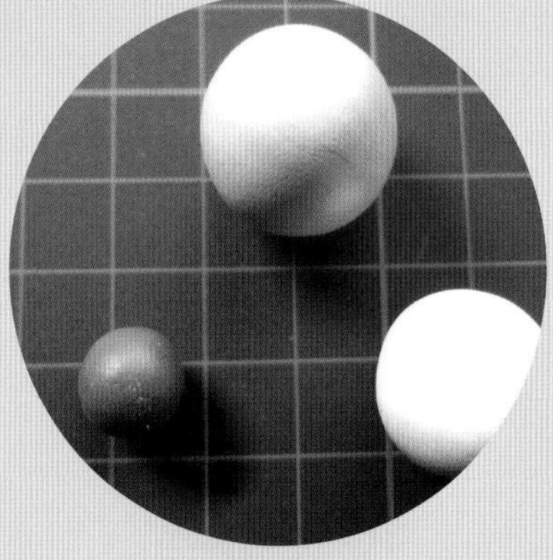

12. 用赭石色和白色软陶揉出羊驼的肤色，比例如图。

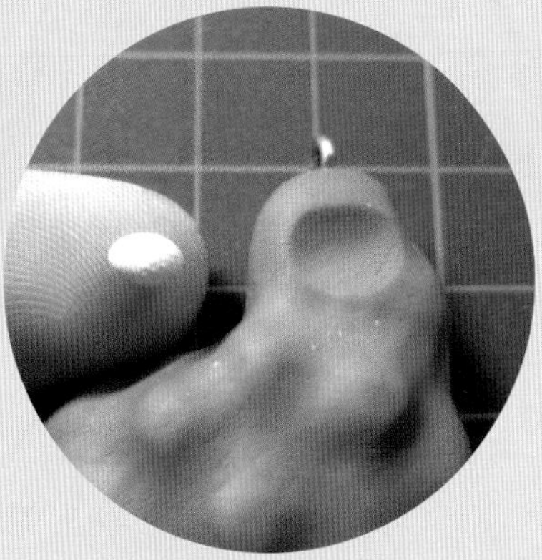

13. 身体烤好后取一小块肤色软陶，搓成橄榄形。

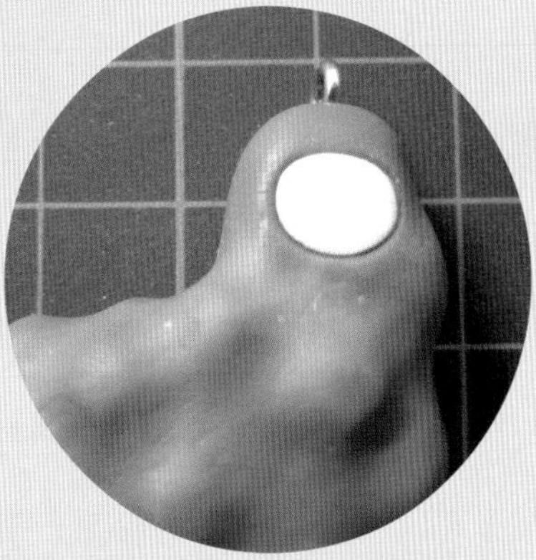

14. 贴在之前压好的坑里，指肚轻抚表面去掉指纹，进烤箱，温度同上，10 分钟即可。

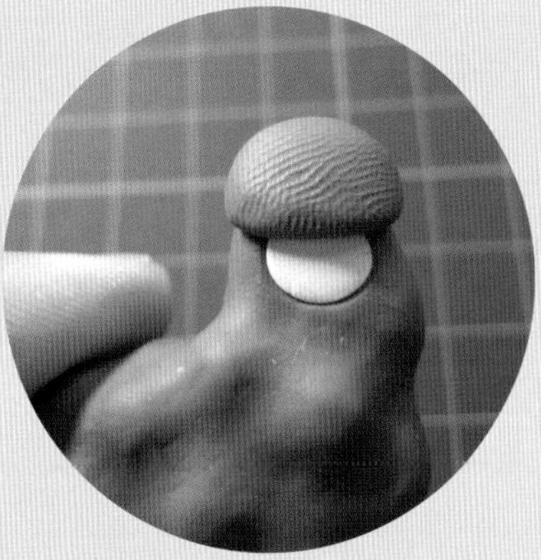

15. 取小块赭石色软陶，贴在头部。

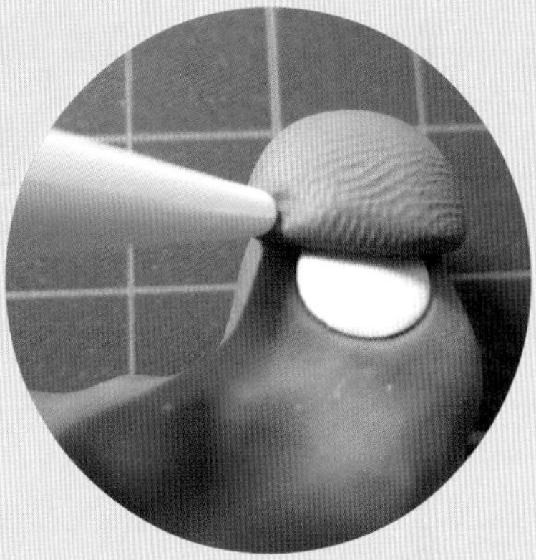

16. 用圆棒压出纹路，同身体毛发纹路做法一样。

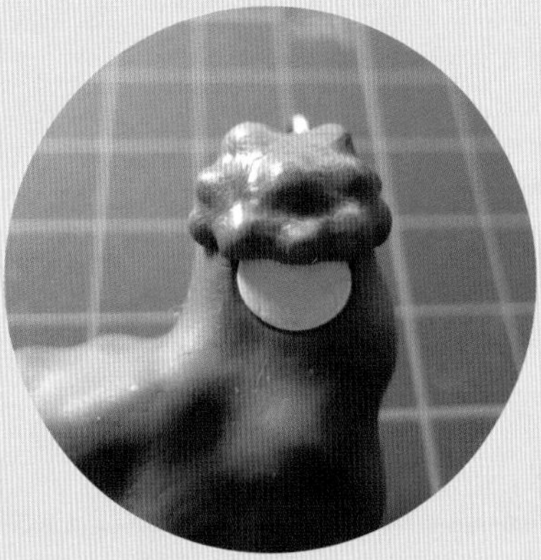

17. 用指肚细化圆棒压过的痕迹。

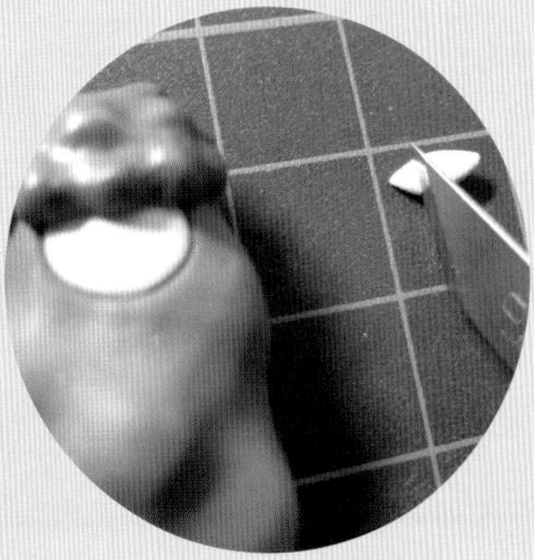

18. 切两个等大的三角形，做羊驼的耳朵。

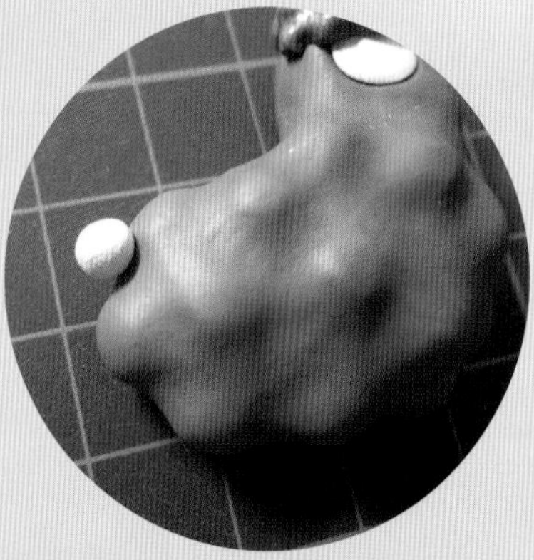

19. 加上圆球尾巴，同上温度进烤箱，10 分钟。

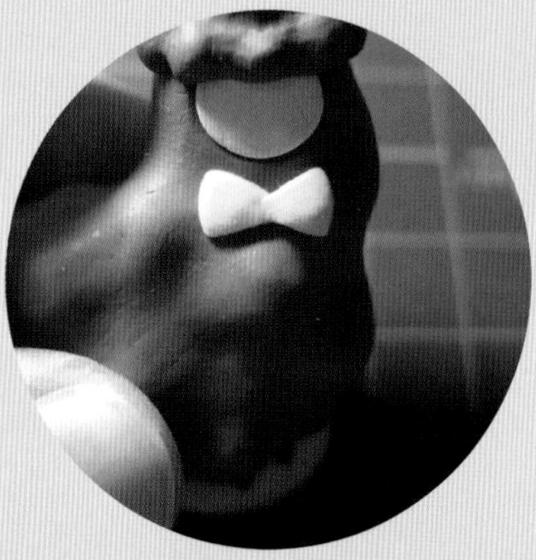

20. 两个三角形对接。

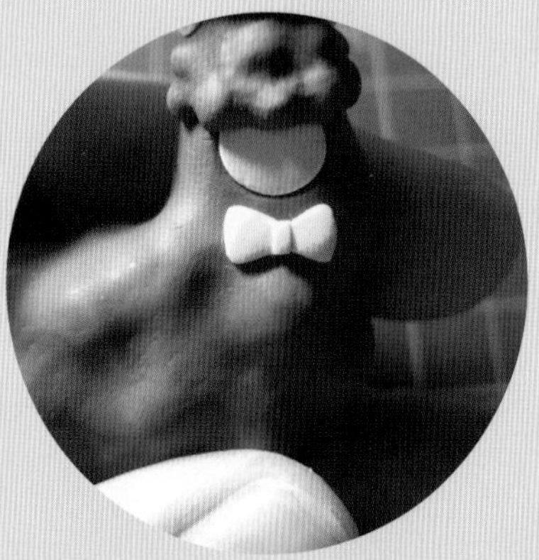

21. 整理羊驼的领结，再进一次烤箱哟！

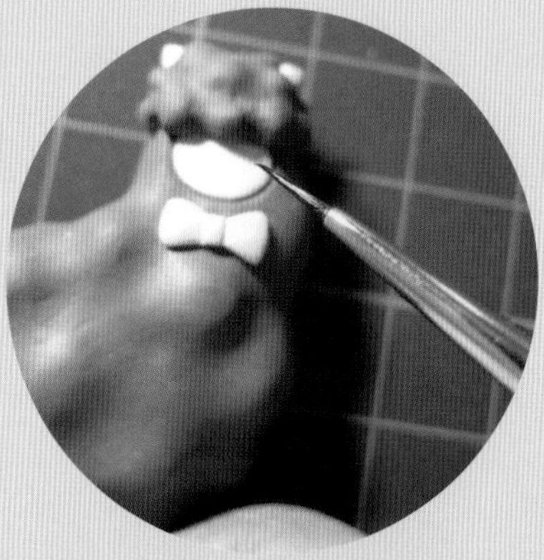

22. 用勾线笔蘸黑色颜料。

23. 画上眼睛和嘴巴，可以用腮红或者眼影给羊驼画上红脸蛋。

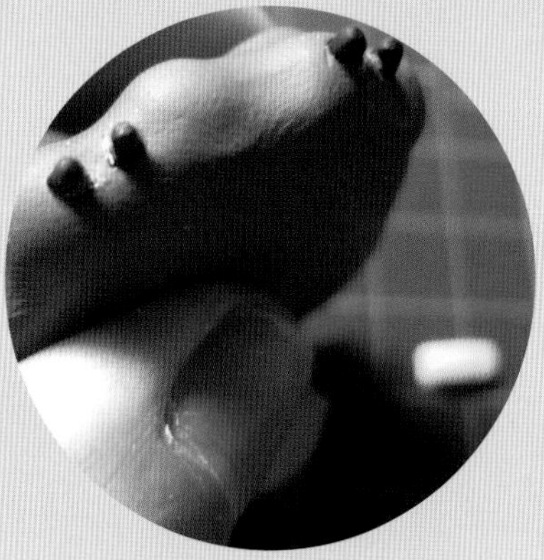

24. 最后用牙签蘸取 502 胶水加固腿部和身体、尾巴和身体的连接。最后串上皮绳就完成啦！

羊驼耳钉

制作人 / 晓兰

上一篇羊驼的做法大家都掌握了吗?
那就不要停下来啦！继续试着做同款耳钉吧！

材料：软陶（赭石色、黑色、白色、黄色），教程中所用软陶——Sculpey Premo
工具：塑形工具（圆棒等）笔刀、半孔珠耳钉、热熔胶棒、502 胶水、牙签、勾线笔、毛笔、黑色丙烯颜料、腮红、烤箱、打火机

▶ **步骤:**

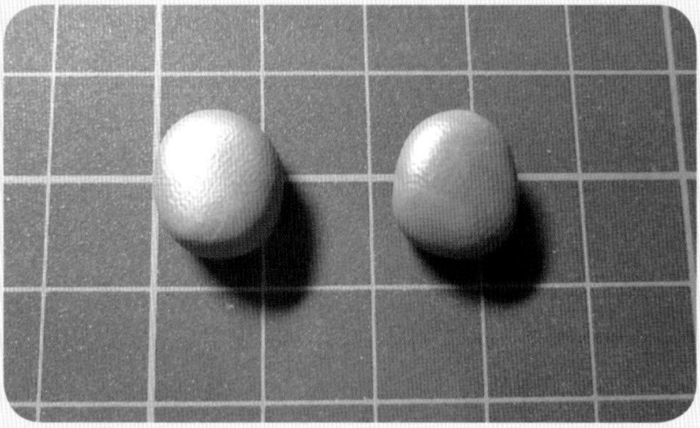

1. 取两块赭石色的软陶，指甲盖大小，揉成橄榄形之后微微压扁。

2. 用圆棒一圈一圈地压出羊驼身体的纹路。

3. 留出脸部的位置，再用手指细化圆棒压过的痕迹。

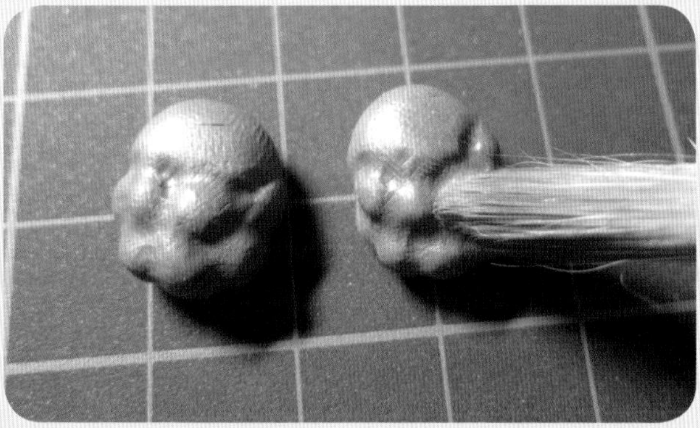

4. 用毛笔把指纹刷掉。

5. 用丸棒在脸部压出一个小坑。

6. 取黑色软陶搓成长条，切一小段做羊驼的腿。

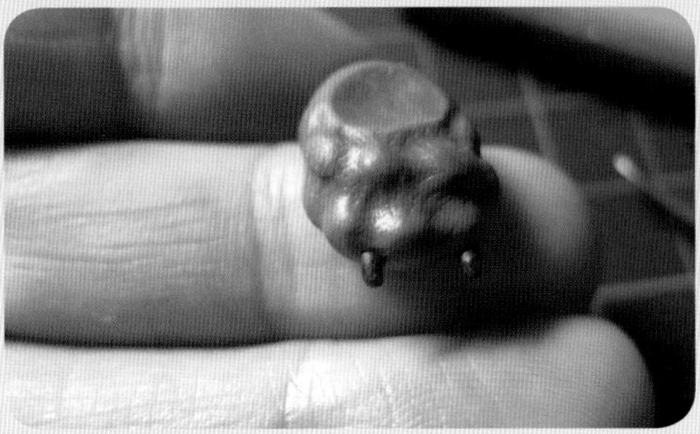

7. 粘住之后用工具压实与身体接触的缝隙，让它更牢固一些。

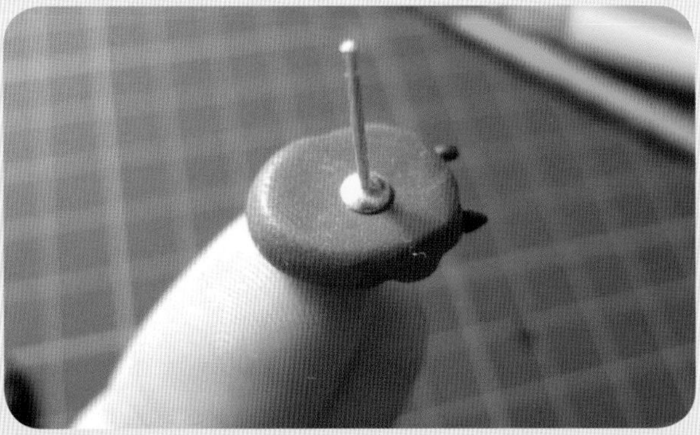

8. 把耳钉插入羊驼背部，再拔出，然后进烤箱，背部朝下放置，以130℃ ~140℃烤 20~30 分钟。软陶不要直接接触烤盘，否则软陶容易焦掉。可以在烤盘上放一块瓷砖来隔热。

9. 烤好之后，耳钉位置是可以对应上的。

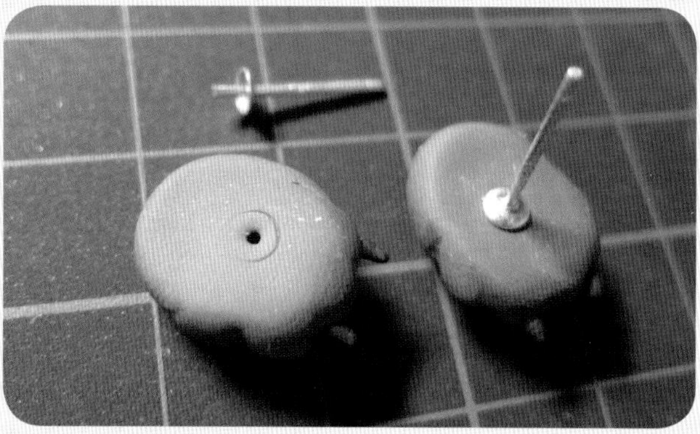

10. 赭石色和白色软陶揉成羊驼脸部肤色的颜色，配比如图。

11. 取小块肤色软陶，揉成橄榄形按压在羊驼脸部的坑里，指肚轻抚去掉指纹，进烤箱，温度同上，10分钟即可。

12. 取一块赭石色软陶贴在头部的位置，用圆棒压出纹路。

13. 细化。

14. 毛笔刷掉指纹。

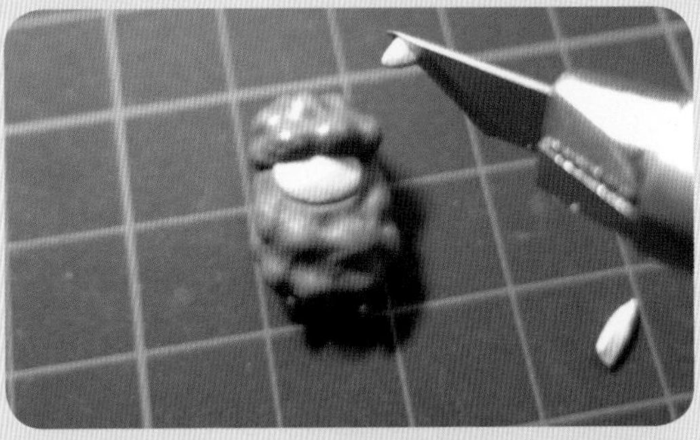

15. 切两个三角形做羊驼的耳朵。

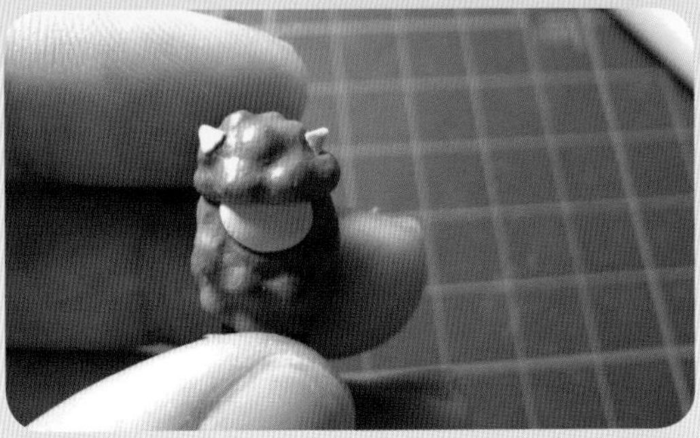

16. 贴好后进烤箱，温度同上，10 分钟。

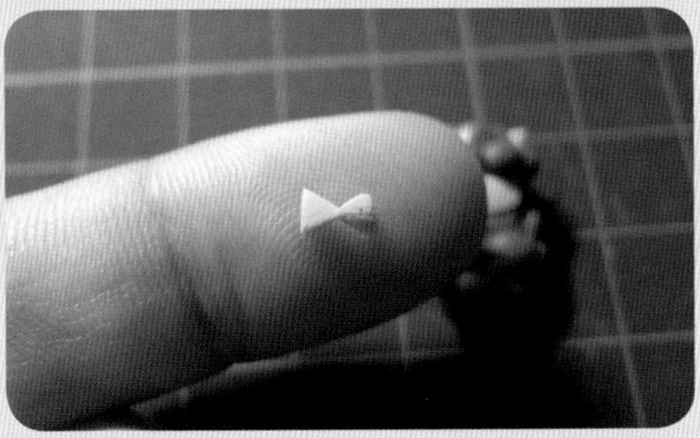

17. 两个三角形对接做领结。

18. 贴在胸前。

19. 用勾线笔蘸黑色丙烯画上眼睛和嘴巴，再用勾线笔蘸一些腮红给羊驼也刷上红脸蛋。

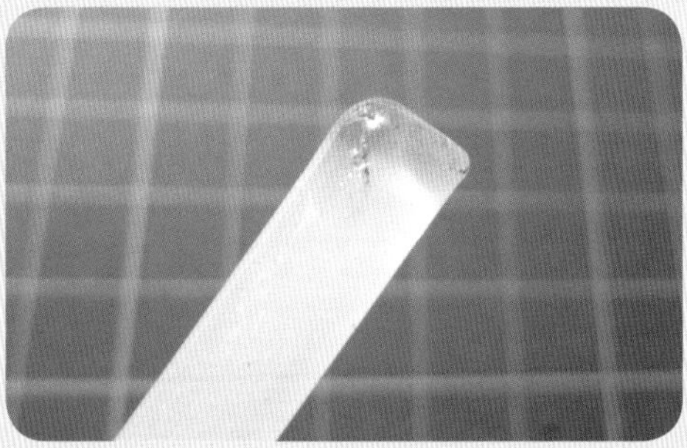

20. 用热熔胶棒固定耳钉和羊驼。

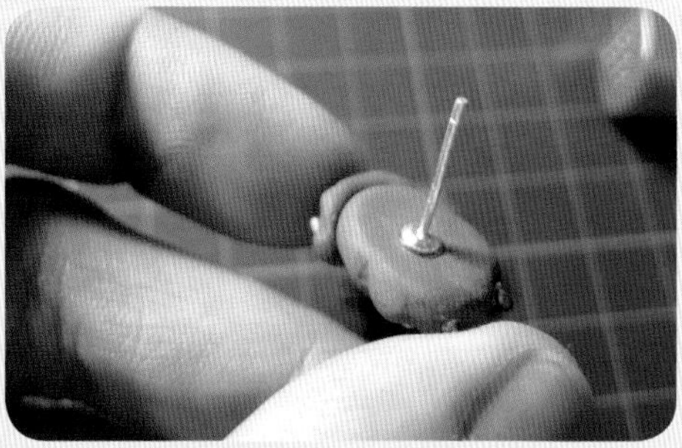

21. 烧好后马上插入粘住。羊驼软陶耳钉就完成了，佩戴之前记得用酒精把银耳钉消毒。

喵星人胸针

制作人／小班

觉得自己的黏土技术不够棒？
其实只要练好“刀功”，一块软陶泥，
一把小刻刀也能做出一只娇嫩的猫咪哦！
下面请看黏土达人小班的示范吧！

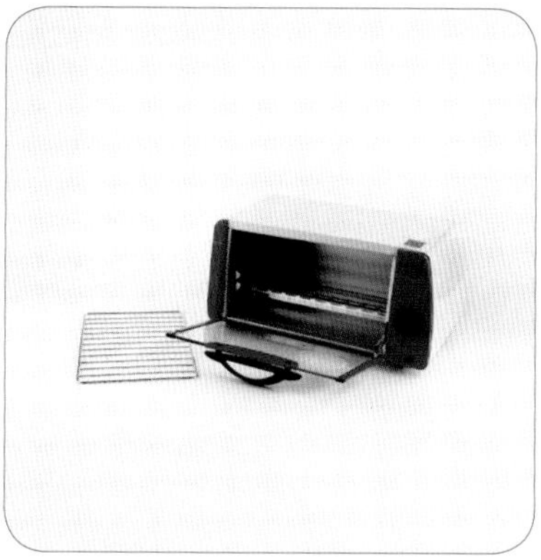

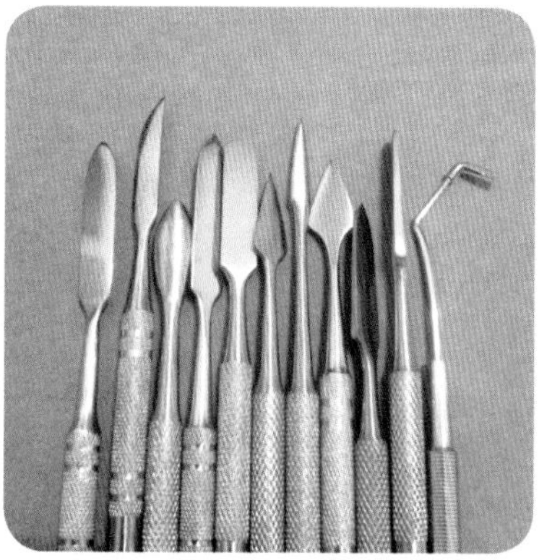

材料：软陶（白色、浅灰色、黑色、黄色、粉红色）
工具：烤箱、雕刻工具、胸针配件

▶ **步骤**：

1. 首先取适量的白色软陶搓成圆形，按压在胸针配件上。

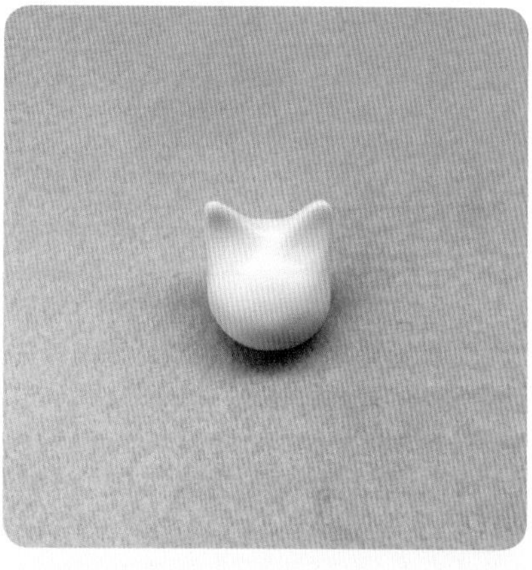

2. 然后用手指塑造出猫咪的两只耳朵的形状，注意检查使两只耳朵均匀对称。

3. 将耳窝加深并确定眼睛位置，轻轻按出弧度。

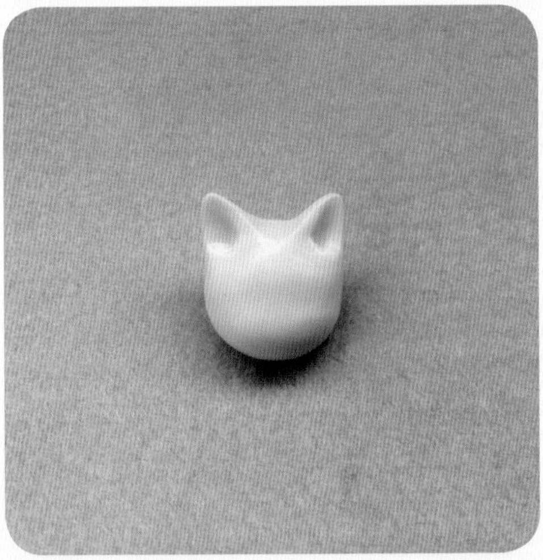

4. 确定猫咪眼睛的位置，塑造出眼窝和眼角。

5. 沿着眼角内侧塑造出猫咪的鼻子。

6. 塑造出了猫咪的嘴巴后，整只猫咪的大体形状就基本完成啦。

7. 使用雕刻工具刻画出猫咪面部毛发的纹理，使猫咪看起来更加真实生动。

8. 用浅灰色软陶薄片贴在猫咪面部，塑造出毛发的颜色。

9. 用深灰色软陶加深毛发颜色，使颜色渐变看起来更自然。

10. 用黑色软陶塑造出猫咪深色毛发纹理。

11. 用黑色软陶塑造出猫咪的眼圈和鼻子，扎出鼻子小孔刻画细节。

12. 用粉色软陶填充耳窝，并画出毛发纹理，黄色软陶搓成圆形填入猫咪眼窝内，扎出猫咪胡须毛孔。

13. 最后将黑色软陶按压成圆形薄片贴在猫咪眼球上，制作出有神的瞳孔。

14. 经过烤制后贴上左图所示的胸针底盘，这样一只炯炯有神的猫咪就制作完成啦！

日常摆设篇

兔女郎冰箱贴

●制作人／麦麦饼

提起“兔女郎”，脑海里总会浮现那些衣着清凉的香艳美女，但其实兔女郎也可以是“软妹子”哦！一起动手做个兔女郎冰箱贴吧！

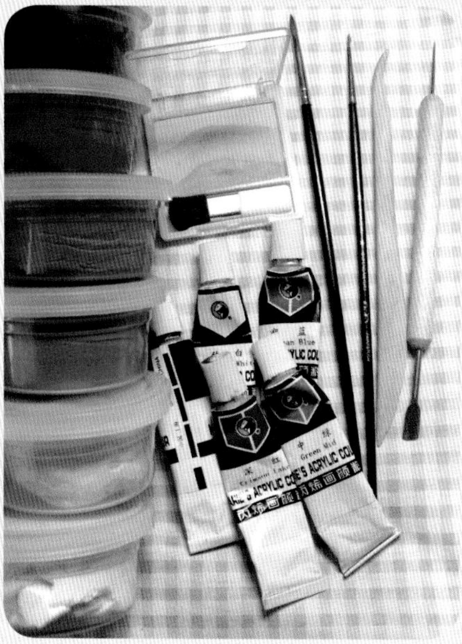

材料：超轻黏土（黑色、红色、紫色、绿色、肉色、白色）
工具：腮红、丙烯颜料（白色、蓝色、绿色、红色、黑色）、描线笔（00 号、03 号）、弯的和尖锥塑形工具。

▶ **步骤**：

1. 用肉色黏土揉圆球。

2. 将黏土揉成葫芦形。

3. 压扁，塑形。

4. 用黏土垫出鼻子、下巴、脸蛋。

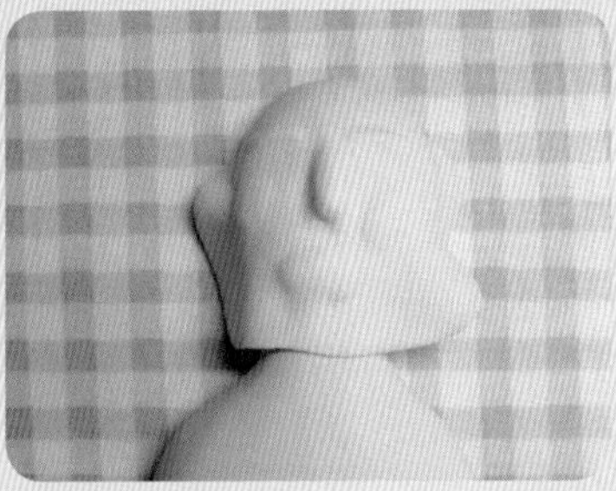

5. 把黏土压片盖在脸上。

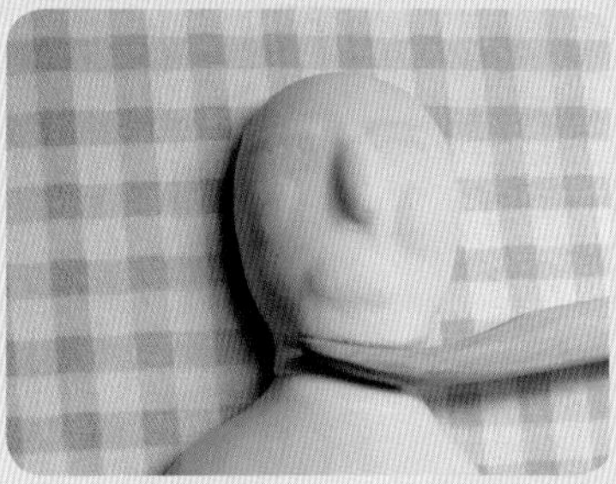

6. 用工具压出下巴，塑造脸部。

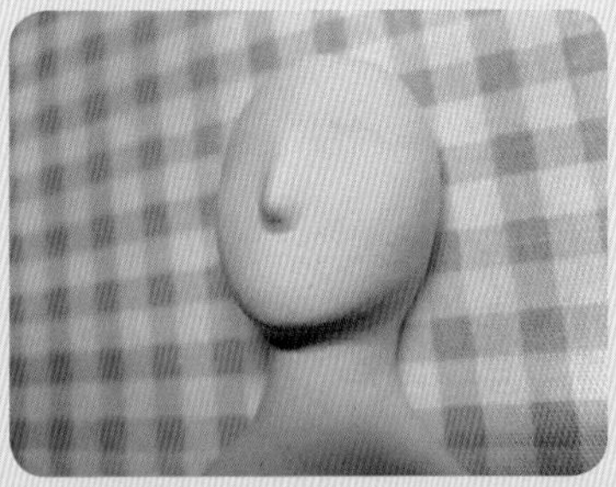

7. 把气泡扎开，有小孔的地方用湿润的黏土填充抹平，沾水磨出光滑的脸部。

8. 揉两个小球做胸部。

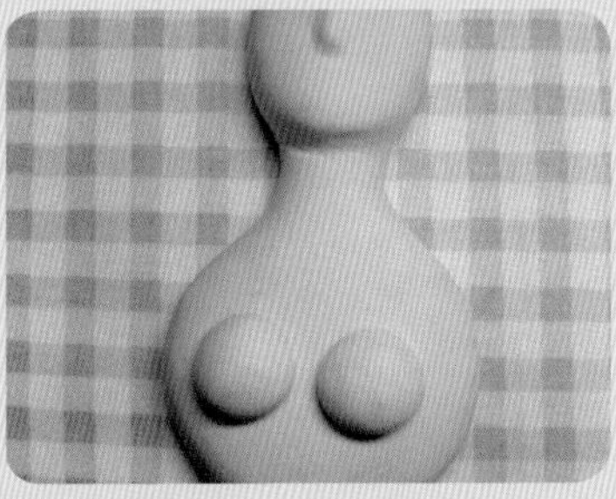

9. 把小球压扁一点点粘在胸上。

10. 03 号勾线笔沾腮红，准备画脸蛋。

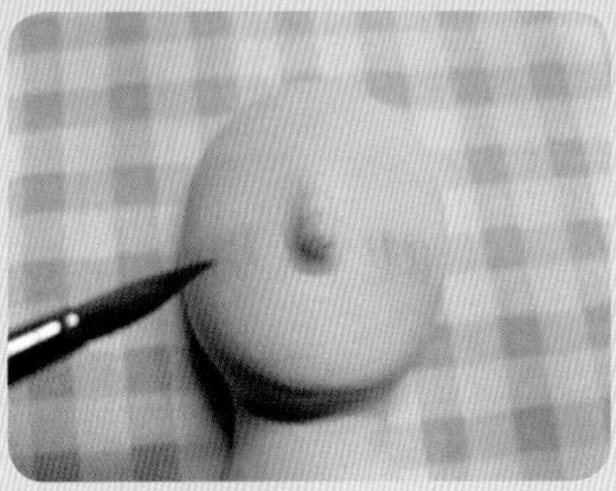

11. 03 号勾线笔沾水沾腮红，在脸蛋画一些自然的纹理。

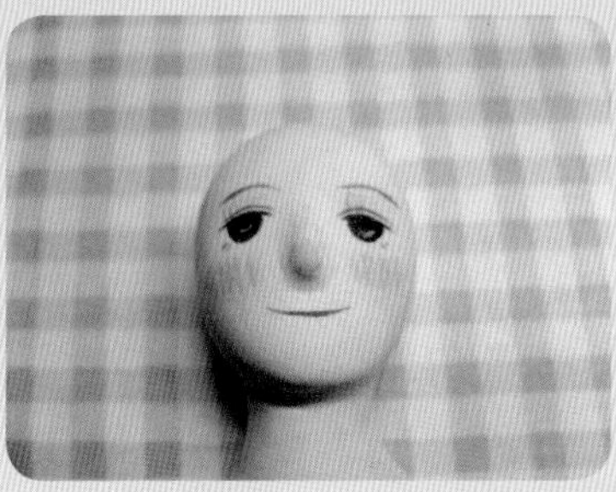

12. 换 00 号勾线笔用蓝绿色丙烯颜料画眉毛，棕色画睫毛，黑色画眼睛，红色画嘴巴。

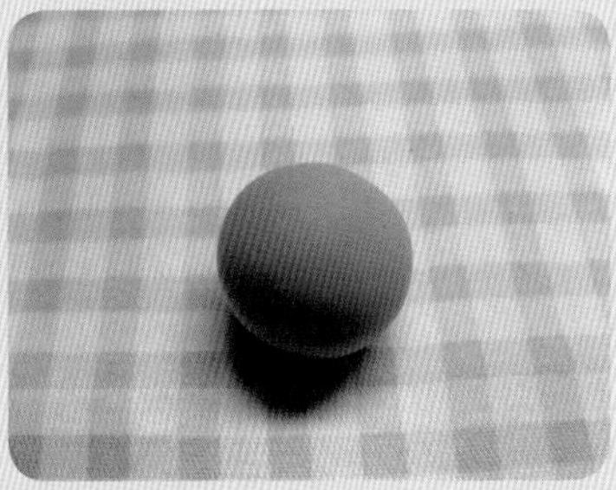

13. 用紫色黏土 + 白色黏土 + 红色黏土揉成紫红色。

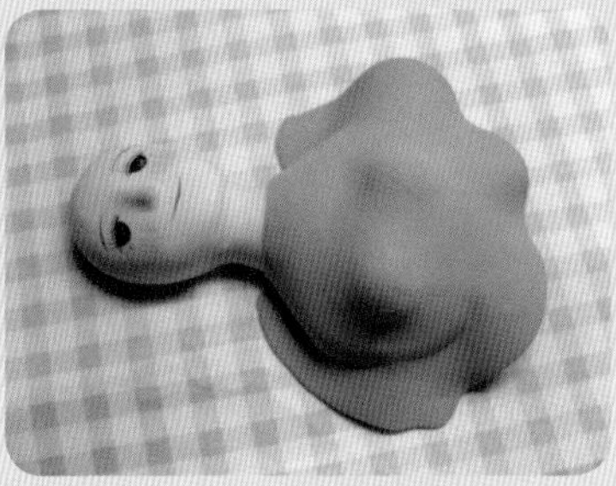

14. 紫红色压片盖在身上轻压。

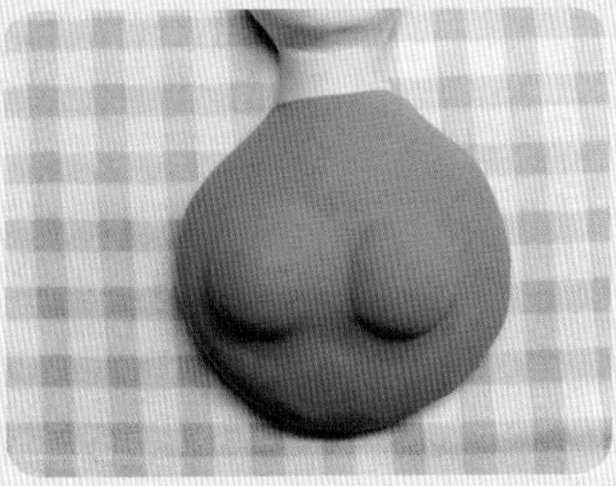

15. 将背面多余的黏土剪开。

16. 用 00 号勾线笔画上花纹。

17. 把黑色的黏土压片。

18. 将压好的黑色黏土剪成两片。

19. 贴在身上做外衣。

20. 揉一点白色黏土。

21. 压片剪成两片领子。

22. 领子粘在外衣上。

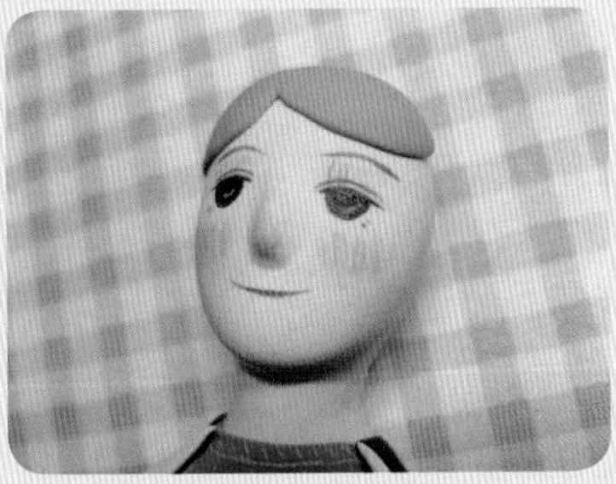

23. 压两片绿色黏土做刘海。

24. 在刘海上用尖锥工具画出纹路。

25. 用红色黏土 + 白色黏土揉成粉红色黏土。

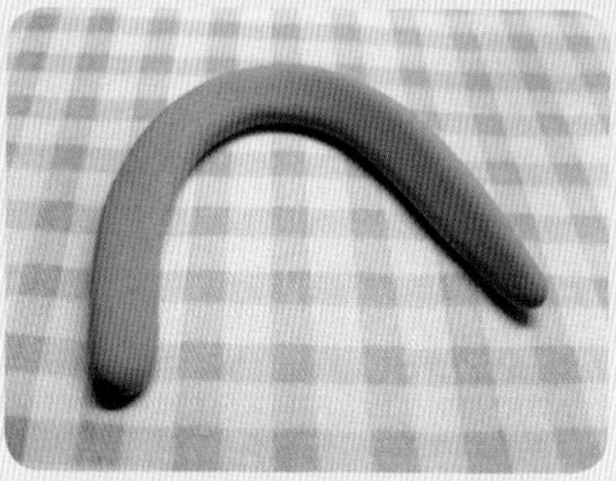

26. 把黏土揉成条形。

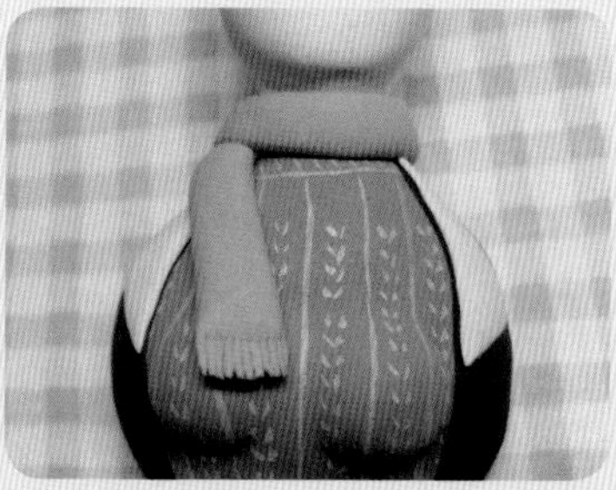

27. 做成围巾围在脖子上，围巾下端剪开。

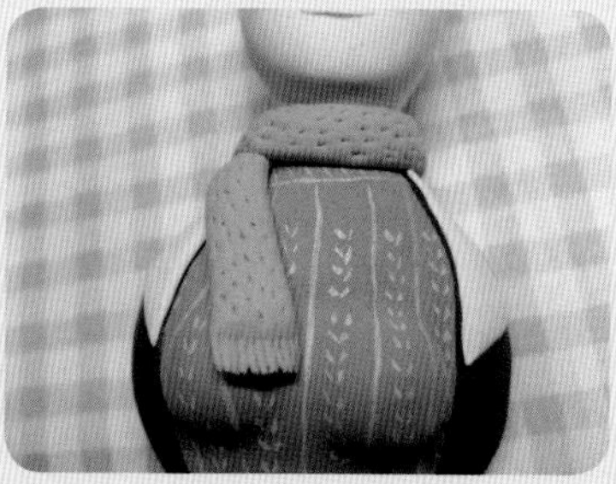

28. 围巾上画出纹理。

29. 绿色黏土揉团。

30. 用绿色黏土做两片发片。

31. 把发片粘在头后面。

32. 揉两个白球和一个白色长条。

33. 做成护耳粘在头上，画出纹理。

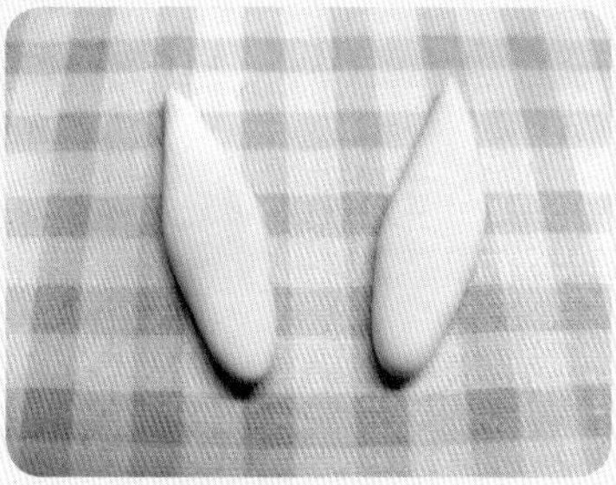

34. 用白色黏土做成兔耳。

35. 把兔耳粘在护耳上。

36. 将绿色黏土压片贴在女孩的背面。

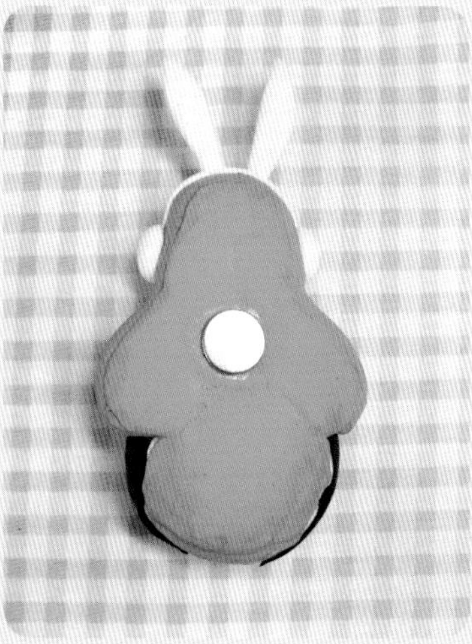

37. 晾干之后沿边缘剪开，贴上磁铁，
这样就大功告成啦！

多肉植物——冰莓

●制作人／晓兰

多肉植物近年来以其肉乎乎的身形和呆萌的气质俘获了众多文艺青年的心，但因为多肉植物生态习性不一，“养肉”并非一件容易的事。世上有没有不用费心培植，又能养眼的多肉植物呀？用软陶做一个呗！

材料：软陶（半透白色、绿色、白色、黄色、赭石色、红色、黑色、棕色），教程中所用软陶——Sculpey Premo

工具：塑形工具、亚克力板、笔刀、烤箱

▶ 步骤：

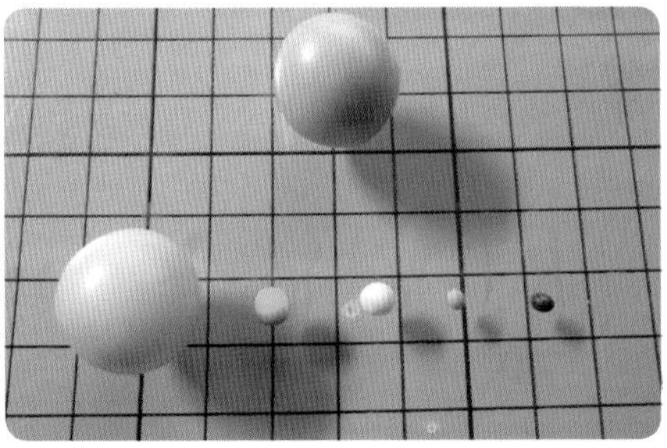

1. 左图上排是调好的颜色，颜色分量配比见下排。左起：半透白色、绿色、白色、黄色、赭石色软陶，混合成上面的颜色（调好的颜色为 1 号颜色）。

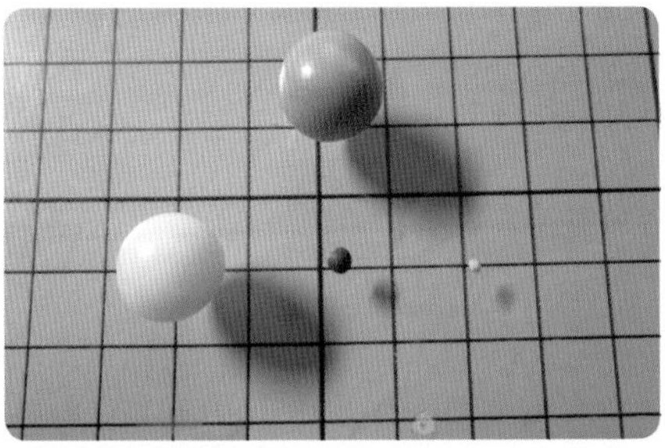

2. 半透白色、赭石色、黄色软陶混合成 2 号颜色。

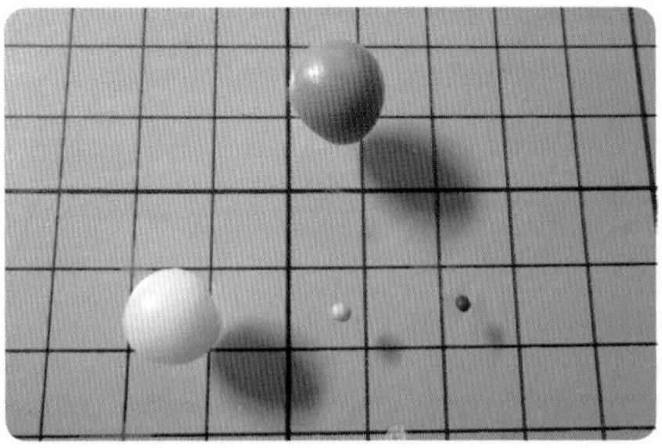

3. 半透白色、黄色、红色软陶混合成 3 号颜色。

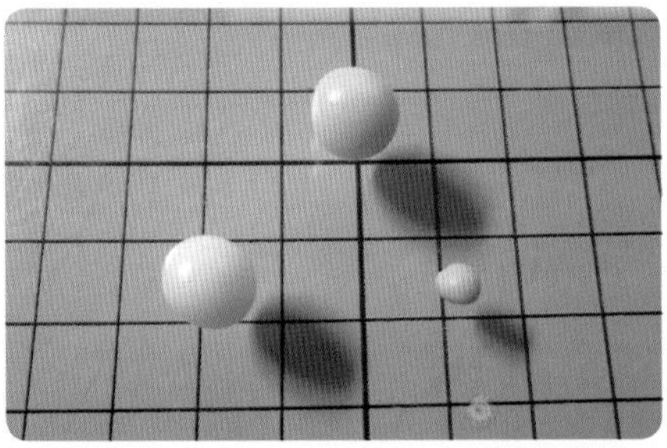

4. 半透白色、1 号颜色混合成 4 号颜色软陶。

5. 取一块白色软陶，揉成球，用来做花盆，大小取决于你要做的多肉植物的大小。

6. 拿一块板子（图中所示为亚克力板）滚压白色圆球。

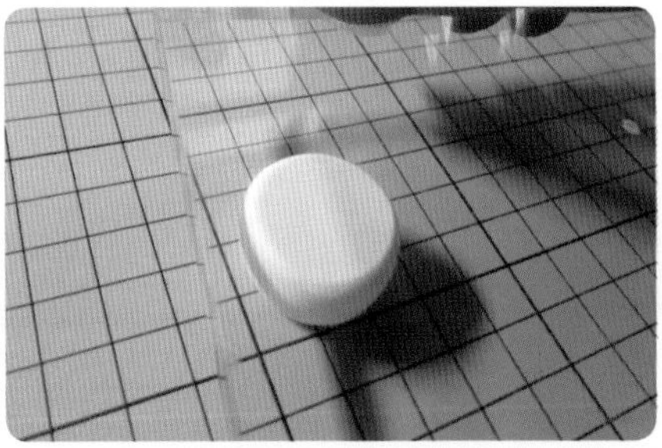

7. 换个方向，把两端压平，反复几次。

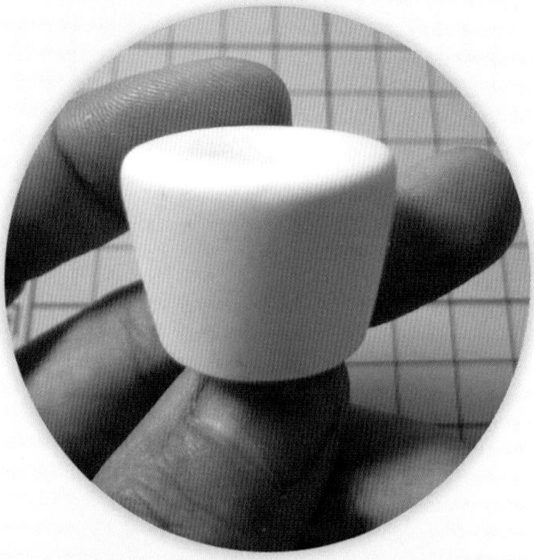

8. 现在我们在这个基础上开始做花盆了，有两种方法给大家参考。

▶ 方法一：

用指肚按压盆子的中间，留出边缘。不用太深，可以装下软陶做的沙粒就行。进烤箱，以 130℃ ~140℃烤 40 分钟。软陶不要直接接触烤盘，否则容易焦掉。可以在烤盘上放一块瓷砖来隔热。

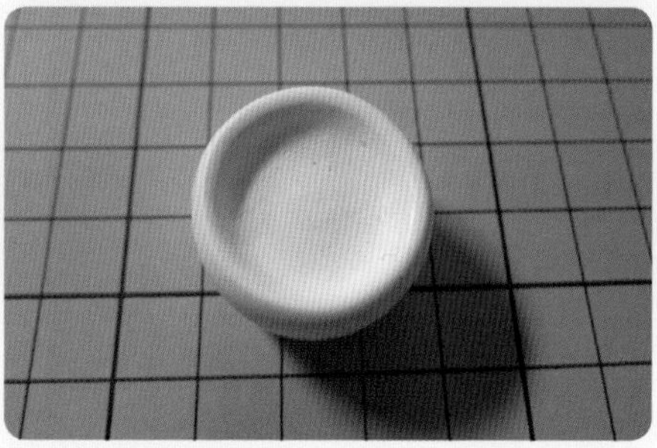

▶ 方法二：

直接烤好之后用丸刀在盆子中间挖一个浅坑，留出边缘，盆子完成。

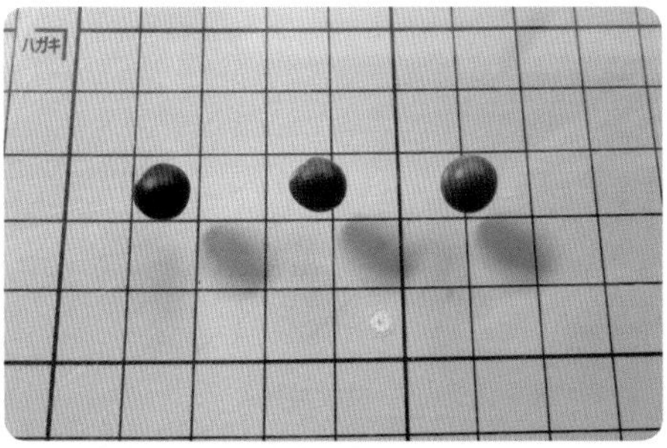

9. 沙粒的颜色，大地色就好，喜欢养“肉肉”的话可以调一些鹿沼土的颜色，左起：黑色、棕色、赭石色软陶。

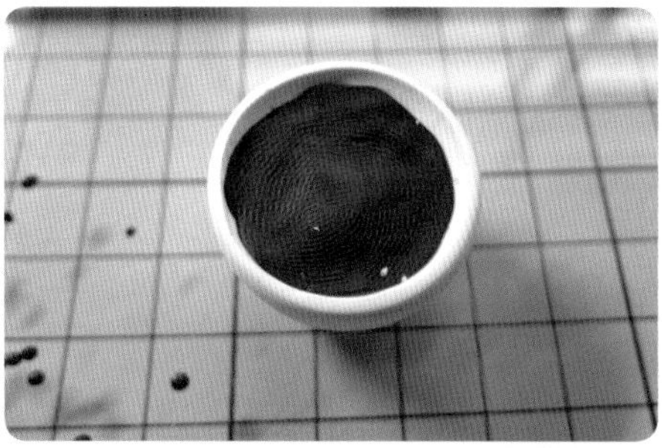

10. 先在盆里铺一层薄薄的底色，如果颗粒多为深色，铺黑色即可，多为浅色的话则铺白色。

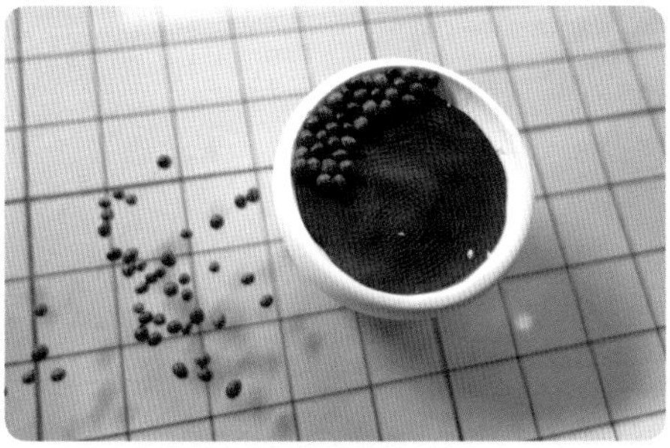

11. 搓成小颗粒不规则地铺在盆里。

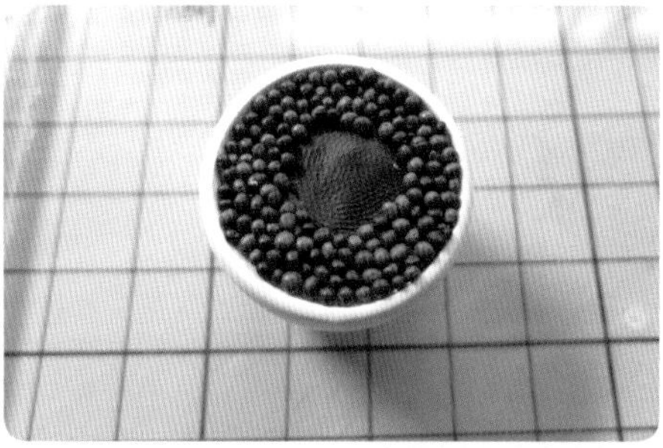

12. 省时的话，中间可以不用铺满。

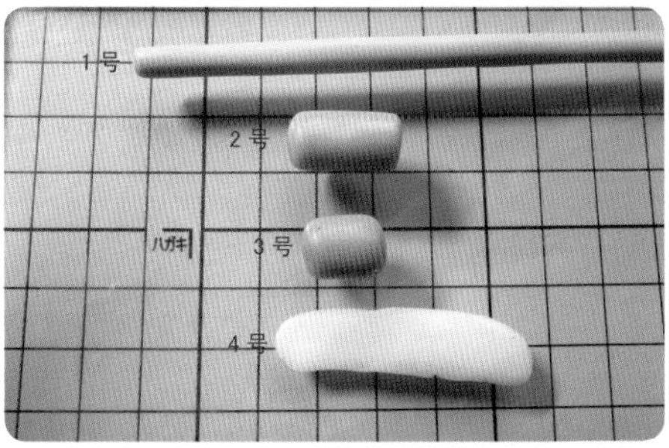

13. 现在来做多肉的部分。把 1 号、2 号、3 号颜色软陶搓成如图的长条，4 号颜色搓成长条压扁，厚度 1 毫米左右。

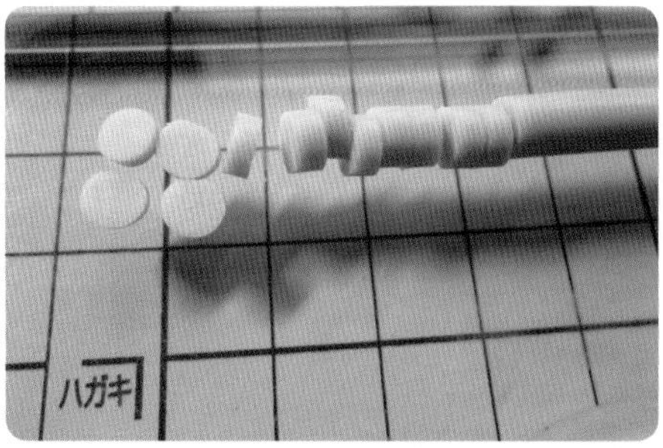

14. 估算一下要捏的叶子大小，1 号颜色软陶切等份。

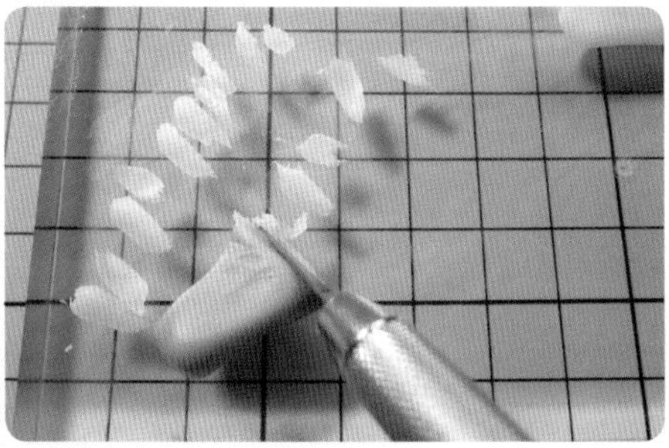

15. 2 号颜色软陶的圆条微微压扁一些，用笔刀切成薄片，越薄渐变看起来就越自然——考验你的刀功喽！

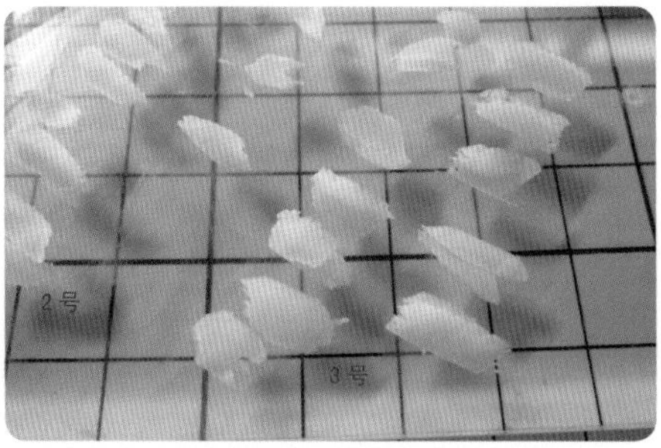

16. 左边是 2 号颜色软陶，右边是 3 号颜色（同上一步，3 号颜色软陶同样切片）。

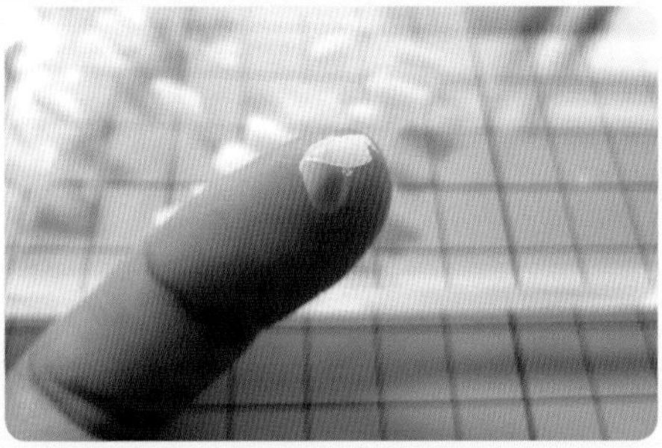

17. 取切好的 1 份 1 号颜色软陶搓成橄榄形，然后用指肚捏扁，把 2 号颜色软陶的切片贴在一端。

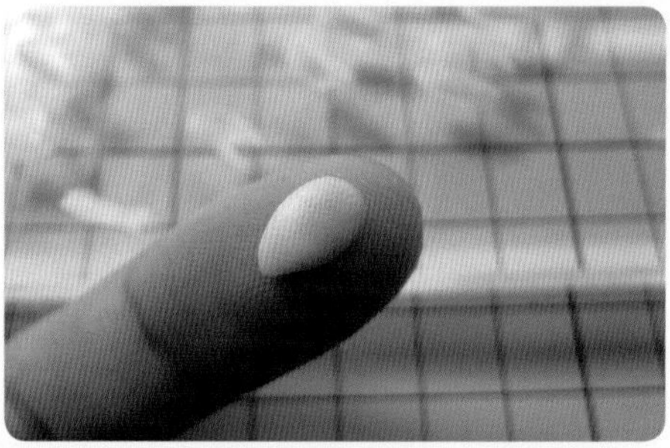

18. 贴好后在靠上的位置再贴上 3 号颜色软陶，不要直接覆盖在刚才的 2 号颜色软陶上，往上移一些，露出 2 号颜色软陶。

19. 然后用笔刀切一条细细的 4 号颜色软陶。

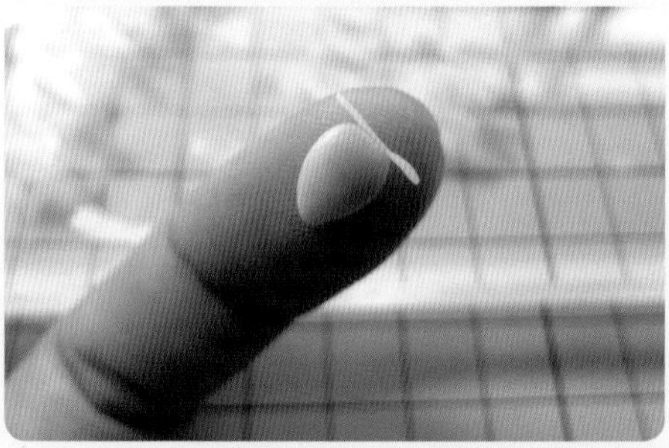

20. 贴在叶子的一端（有 2、3 号颜色软陶的一端）。

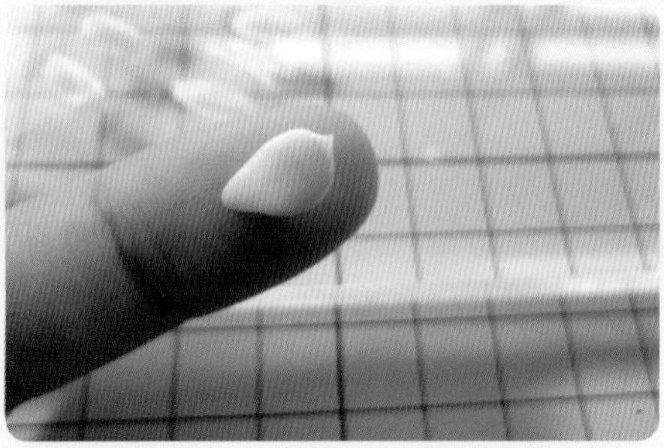

21. 捏出叶子形状，再用食指拇指捏出叶尖。

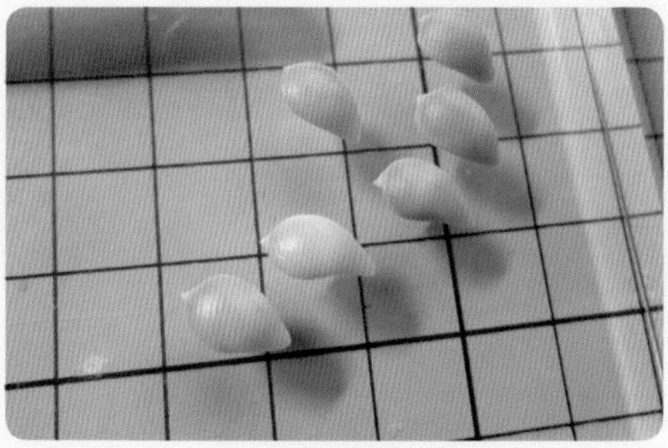

22. 多捏一些，准备之后粘到盆子里。

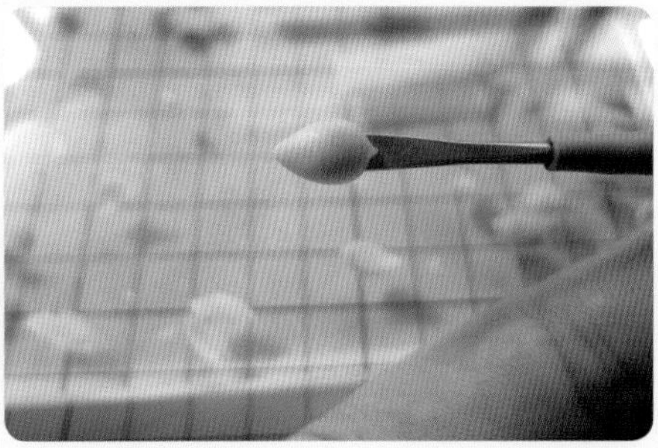

23. 如图放到工具上。

24. 轻压到盆子上。

25. 这样就完成了第一层第一片叶片。

26. 按此方法贴出第一层叶片。

27. 可以一边贴叶子一边修整形状。

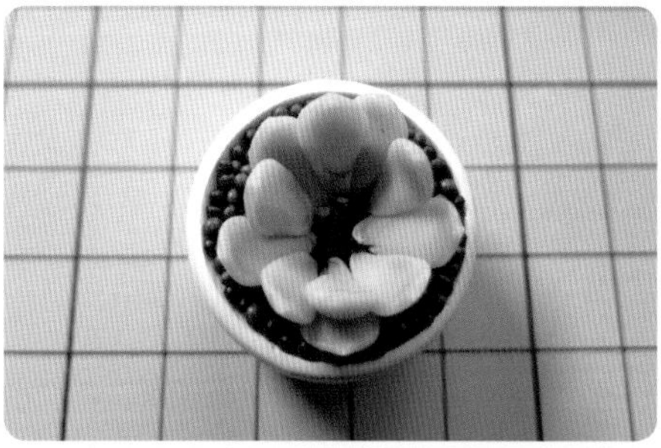

28. 第二层叶片插第一层叶片的空，第三层叶片插第二层的空，依次类推。

29. 如叶子位置低，可以在中间垫一块软陶。用工具压平。

30. 继续贴叶子。

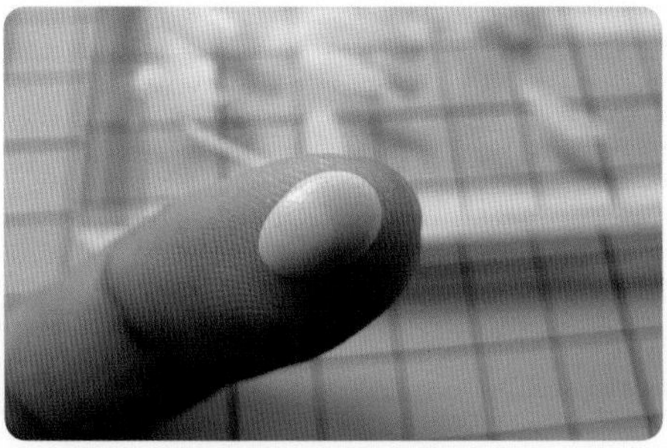

31. 第四层之后去掉 3 号颜色软陶，叶片上只贴 2 号和 4 号颜色软陶，这样多肉整体上就更有层次感。

32. 根据冰莓的特点来看，第四层的叶子要比第二层、第三层的位置高一些。

33. 边做边修整。

34. 贴着上一层叶子边缘一层一层贴下去。

35. 贴到第六层之后要调整叶片大小。

36. 比之前的叶片要小一些，大概是原来的二分之一。

37. 垫好中间的软陶，叶片不超过上一层叶片，往中心靠拢着贴。

38. 填软陶，叶片也越来越小。

39. 一点点地把叶子贴进去，越中间的叶子越低，低一点点就行。

40. 每一片叶子都是插空粘好，制作到后期自己协调好位置。

41. 最后一片叶子放好，觉得满意了就可以放进烤箱啦！以130℃左右烤30分钟，在烤半透白软陶的时候，温度可以比烤普通软陶低一些。

▶ **小提示：**

软陶品牌不同，烤箱不同，所适合的温度要自己尝试才知道，教程里所写的温度是根据我的经验，不一定适用于大家的烤箱，做之前尝试一下，看多少温度可以烤好软陶。时间也要根据所做的物体大小调整哦。

微型百合花

● 制作人 / 琴兮 Flora

花虽美，花期却短暂。

百合花象征着纯洁、持久的爱，

想永远将这份“爱”保鲜？

跟“植物学达人”琴兮 Flora 学做微型黏土百合花吧！

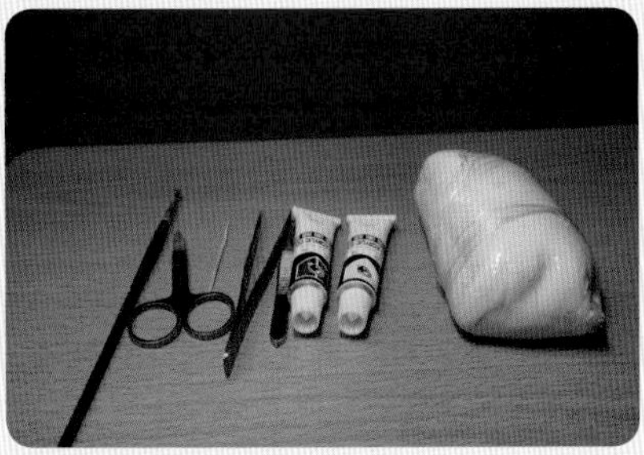

材料：各色超轻黏土、丙烯颜料（草绿色、熟褐色）
工具：镊子、牙签、画笔、剪刀、26 号铁丝、胶水

▶ Part 1：做花盘

1. 取一块超轻黏土，捏成自己喜欢的花盆或花瓶的形状，放在一旁待自然风干。

▶ Part 2：搓花杆

2.1. 取一根26号铁丝，剪成5~6厘米的小段。

2.2. 取一小块深绿色黏土包裹住铁丝的中央。

2.3. 从中央向两端滚搓黏土，使黏土均匀地包裹住整根铁丝，尽量将花杆搓细。

▶ Part 3：做花朵

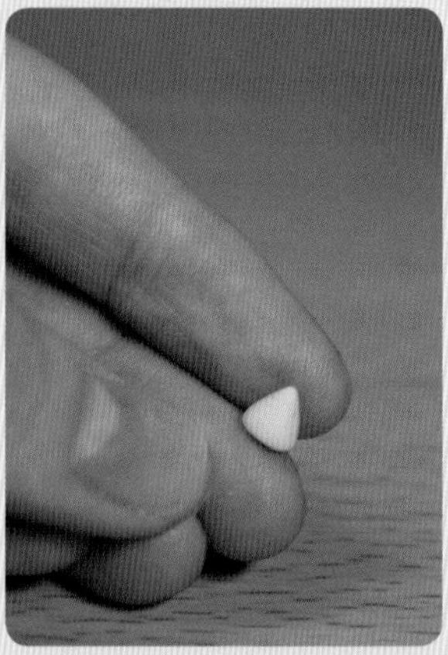

3.1. 取一小块白色黏土搓成圆锥状。

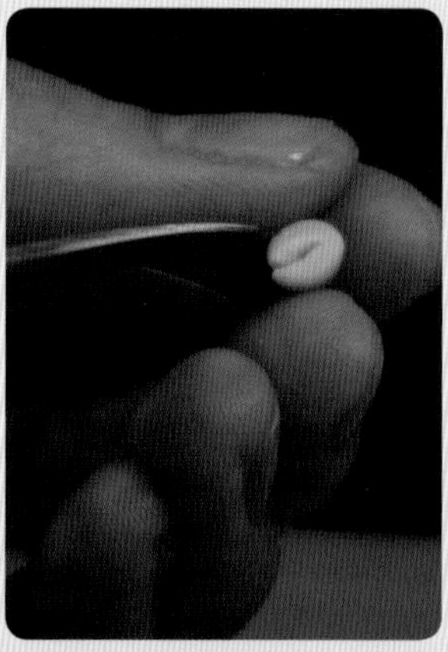

3.2. 用剪刀将圆锥的底部分成三份。

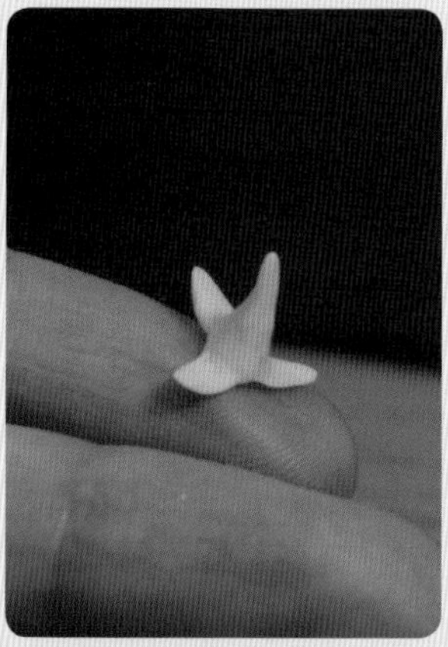

3.3. 用牙签将中心弄空，顶部尖端拉长，呈喇叭状；底部捏成三个花瓣状。

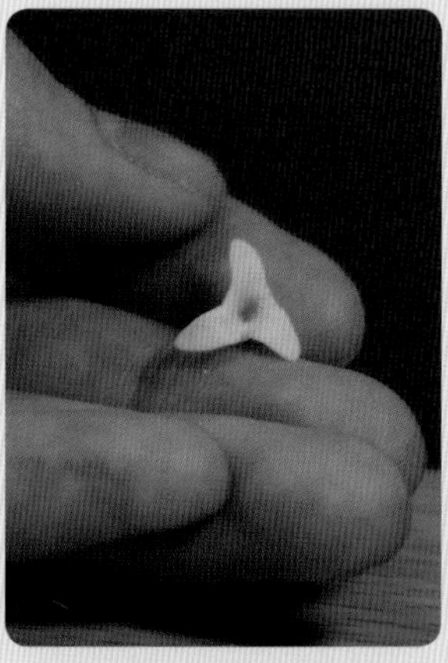

3.4. 用牙签画出花瓣纹路。

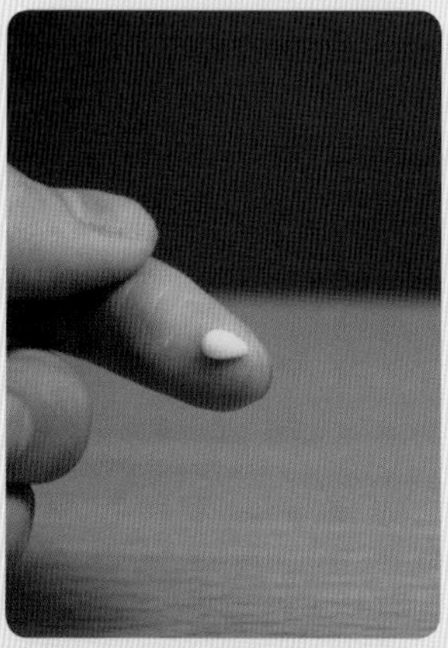

3.5. 取一小块黏土捏成花瓣形状。

3.6. 放到两片花瓣之间。

3.7. 用牙签轻压花瓣底部使其粘合，并画出花瓣纹路。

3.8. 利用同样的方法做出另外两片花瓣。

3.9. 等待花瓣自然风干后用草绿色颜料给花瓣着色，主要着色在花瓣中心部位即可。

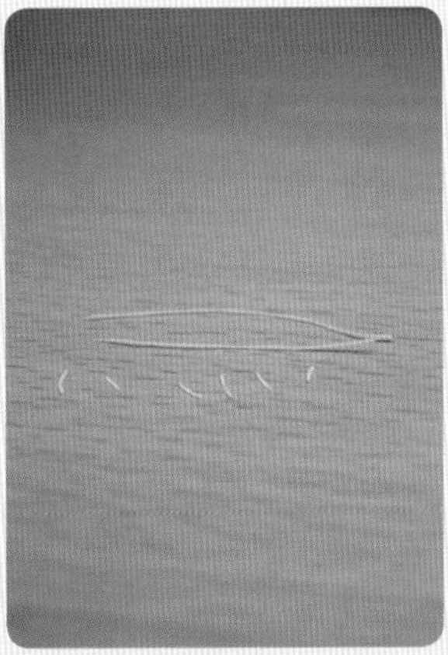

3.10. 利用白色黏土搓成细长条，分成 0.5 厘米左右的小段，即为花蕊。

3.11. 在花朵中央涂上少许胶水，用镊子将小段花蕊粘在花朵中央。

3.12. 待胶水干后用熟褐色颜料给花蕊顶端上色。

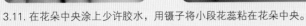

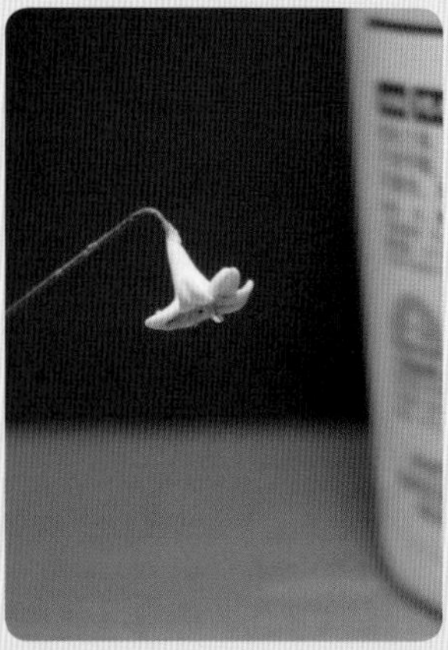

3.13. 取一根做好的花杆，前端稍弯曲，利用胶水将花朵与铁丝相连。

3.14. 一朵百合花就做好了。用相同的方法做出另外两朵花。

▶ Part 4：做花苞

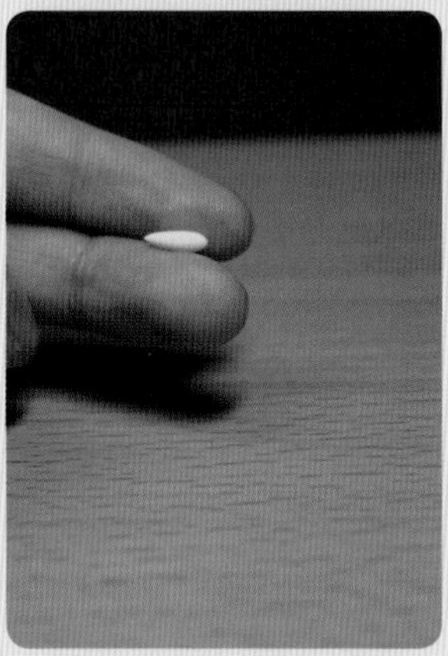

4.1. 取一小块白色黏土搓成米粒状。

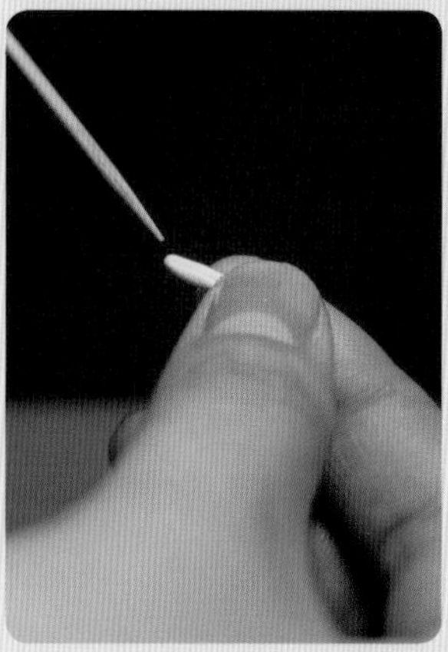

4.2. 画出花苞的纹路。

4.3. 将花苞与花杆连接。

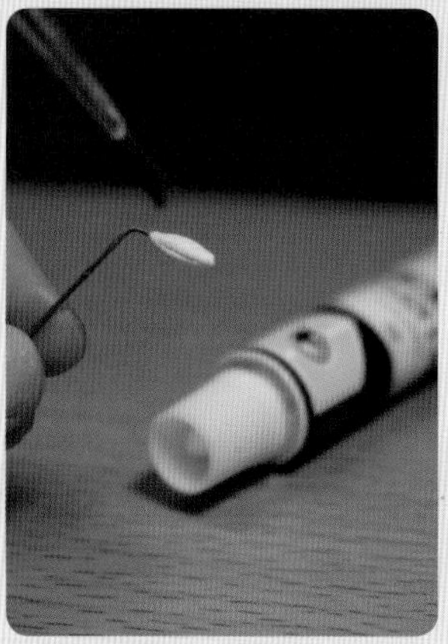

4.4. 自然风干后用草绿色颜料给花苞上色，一个花苞就做好了，用相同的方法做出另外一个花苞。

▶ Part 5：做叶子

5.1. 取一块深绿色黏土搓成薄片状。

5.2. 用牙签在黏土上画出叶片的形状及叶脉纹路。

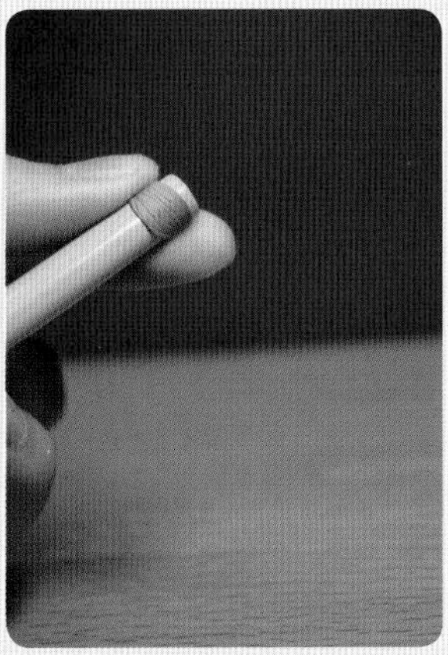

5.3. 然后用剪刀将叶子剪下，将叶片稍弯曲。

5.4. 用此方法做出大大小小的叶子若干，放在一旁待自然风干。

▶ Part 6：组合

6.1. 将做好的花朵和花苞按自己喜欢的造型进行组合，用线将它们绑实。

6.2. 取一块深绿色黏土，压成薄片将捆绑部位遮盖住。

6.3. 在花枝部位涂上胶水，将叶子一一粘上。

6.4. 在花苞部位粘上小叶片。

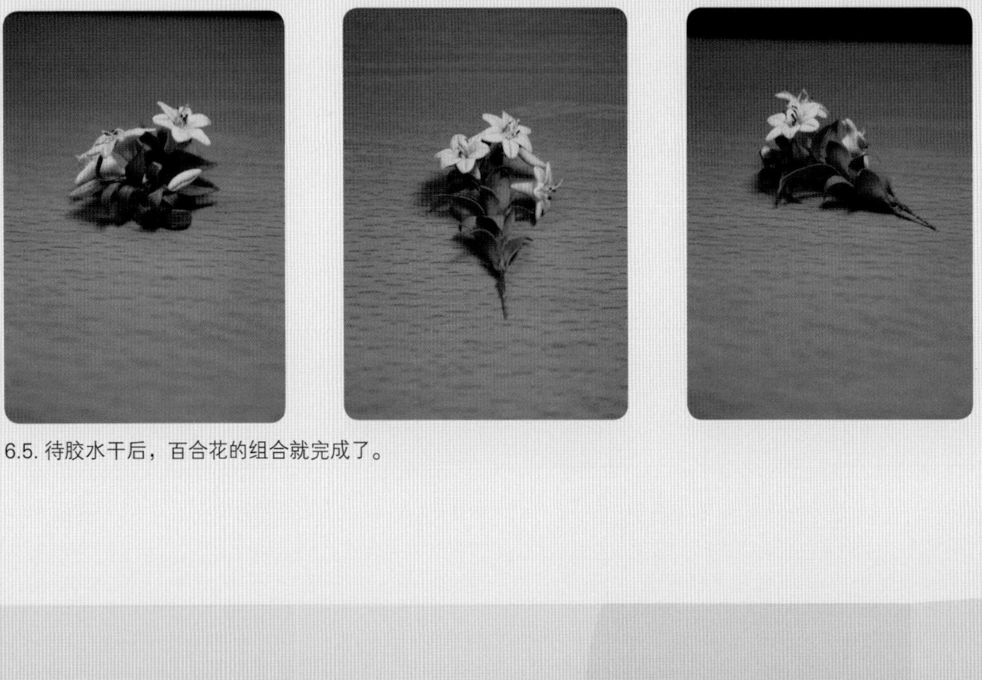

6.5. 待胶水干后，百合花的组合就完成了。

6.6. 最后，将做好的花朵与花瓶进行组合，一个百合花的黏土摆设就做好了。

▶ Part 7：完成

7. 大家还可以尝试制作不同样式的花瓶或花盆来放置花朵。

微缩糕点

制作人／米米线

草莓蛋糕

抹茶蛋糕

巧克力蛋糕

真的？假的？真的？假的？真的？
没错！这些让吃货们垂涎三尺的甜点果然是……假的！
而且只有一个硬币那么大！想知道怎么做出来吗？
赶紧擦干口水，掏出你的放大镜看清步骤吧！

草莓蛋糕做法

材料：粉红色超轻黏土、白色奶油土、丙烯颜料、软陶条

工具：小调羹、竹签、镊子、白乳胶

▶ 步骤：

1. 用粉红色的超轻黏土捏个椭圆的基底。

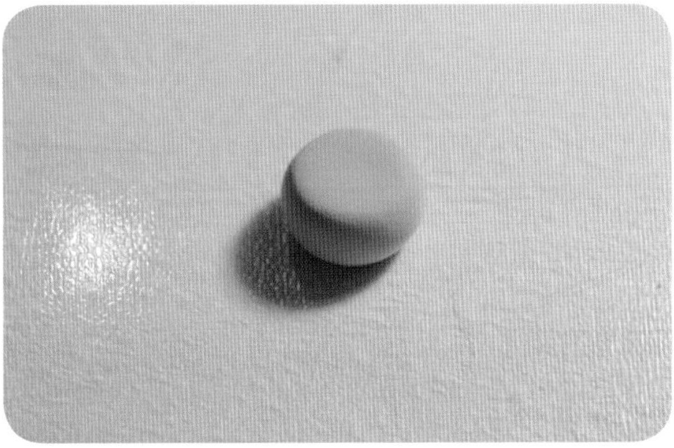

2. 用白色奶油土挤一圈花边。

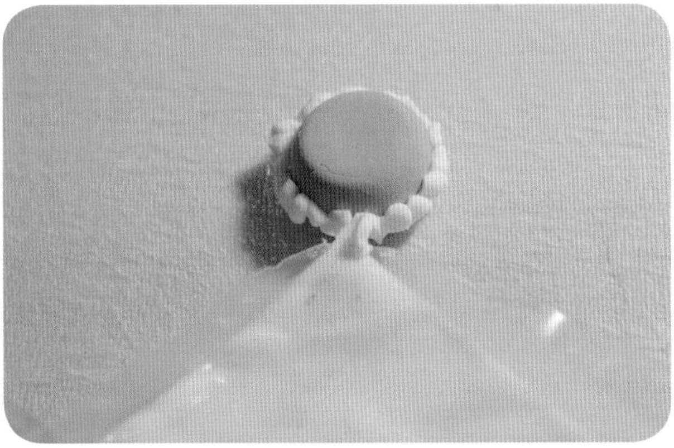

3. 奶油土 + 白乳胶 + 深红色丙烯颜料按 1:1:0.1 混合调出“草莓酱汁”。

4. 将“酱汁”淋在蛋糕上。

5. 在淋好的“酱汁”上挤两朵白奶油花，用软陶条做成小水果切片装饰。

6. 淋上光油，完成。

抹茶蛋糕做法

材料：黄绿色超轻黏土、粉红色超轻黏土、白色奶油土、软陶条、光油
工具：竹签、镊子

▶ **步骤：**

1. 用黄绿色超轻黏土做椭圆型的蛋糕基底。

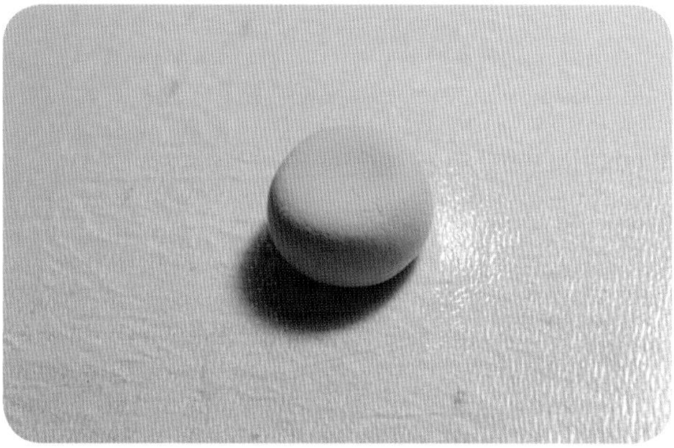

2. 将粉红色超轻黏土捏薄，然后卷起来。

3. 多卷几次卷成花朵。

4. 在基底上挤上白色奶油土做粘接用。

5. 放上用软陶条做成的水果切片和花朵做装饰。淋上光油，完成。

巧克力蛋糕做法

材料：深咖啡色超轻黏土、白色丙烯颜料、白色奶油土、软陶条、光油。

工具：竹签、镊子

▶ 步骤：

1. 用深咖啡色超轻黏土做椭圆形蛋糕基底。

2. 用粗孔海绵沾少量白色丙烯颜料，轻轻印在蛋糕周围。

3. 在顶部挤上白色奶油土做粘接。

4. 用花朵（花朵做法详见上文）和软陶条做成的水果切片按自己喜好做装饰。

5. 淋上光油，完成。

迷你汉堡包

● 制作人 / 米米线

松软的口感，香浓的牛肉，滑滑的芝士片，爽口的生菜片……呜呜……汉堡包纵使有千般美味，但是不！健！康！只能做个微型汉堡解解馋喽……

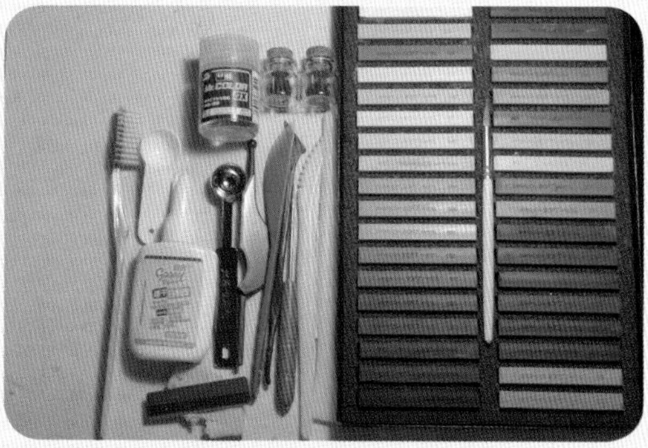

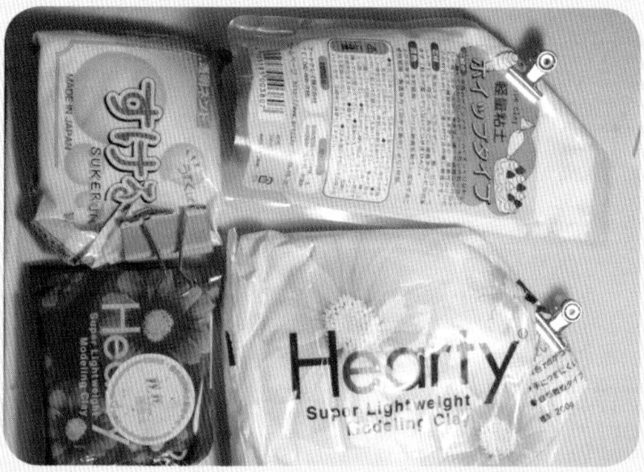

材料：各种颜色超轻黏土、树脂土（白色、绿色、黄色）、白色奶油土、丙烯颜料、光油

工具：粗孔海绵、刀片、竹签、粉彩、白乳胶、细毛牙刷、水彩笔

▶ 步骤：

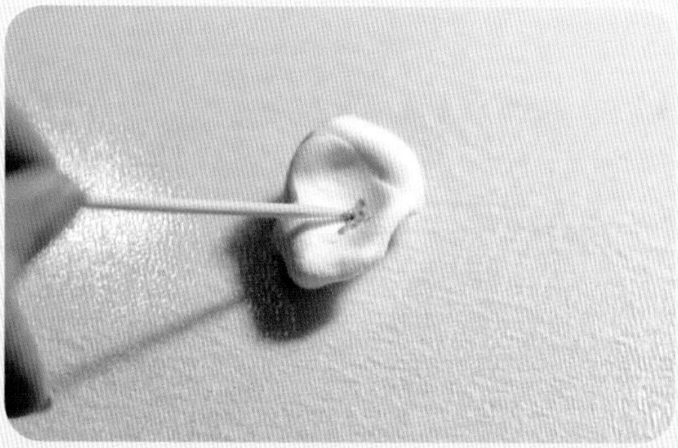

1. 用白色超轻黏土 + 土黄丙烯颜料调出汉堡面包的颜色。

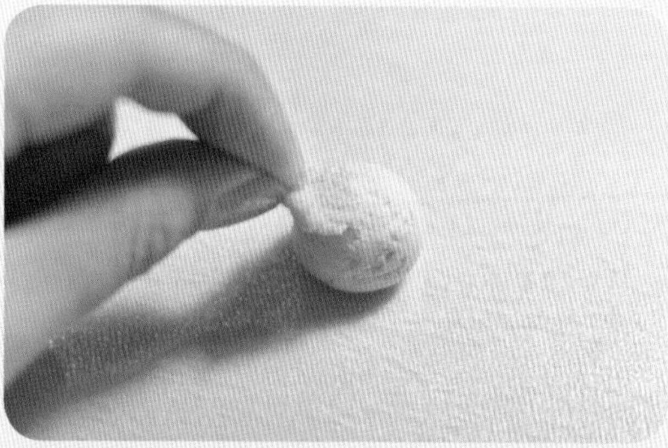

2. 用粗孔海绵在圆团表面上压出烤面包的纹理。

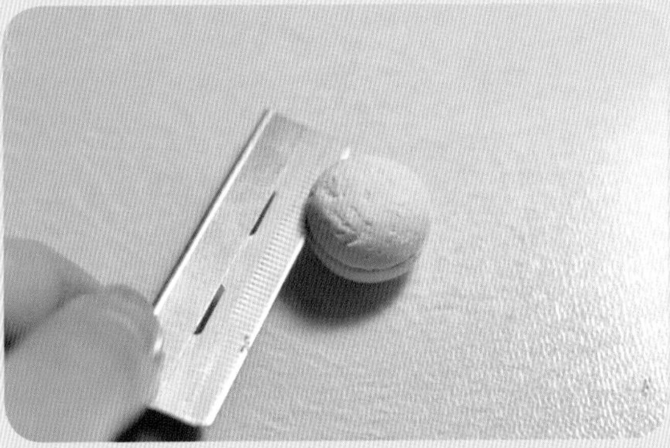

3. 用刀片切成两半。

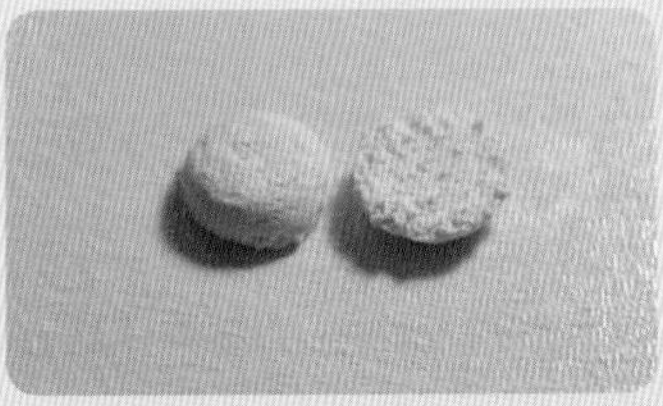

4. 用牙签在下面面包上挑出花纹。

5. 用粉彩棒上色，依次为黄、橙、棕、咖啡，面积由大到小。

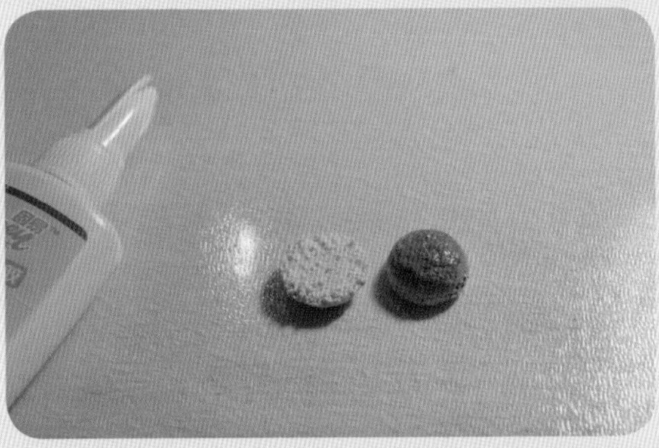

6. 在面包表面涂上白乳胶。

7. 取一块白色超轻黏土搓成细条，切成小块做成芝麻粘在面包上。

8. 将白色树脂土、绿色树脂土混合，不用混得太均匀，这样更像菜叶，切薄片。

9. 用手指捏出菜叶的凹凸感，并用海绵做纹理。

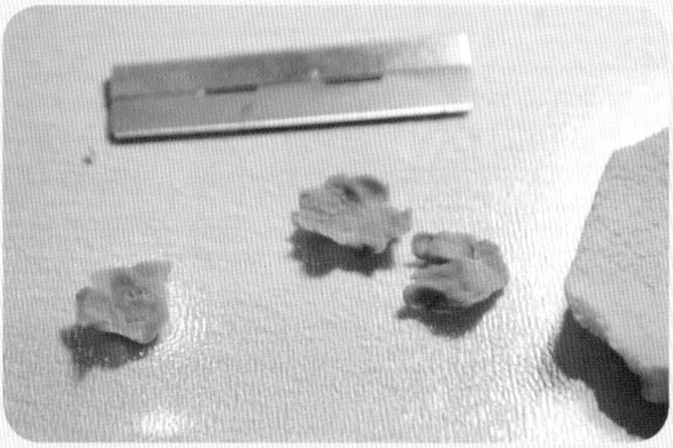

10. 取咖啡色树脂土搓圆，压扁，同样用海绵压出牛肉质感。

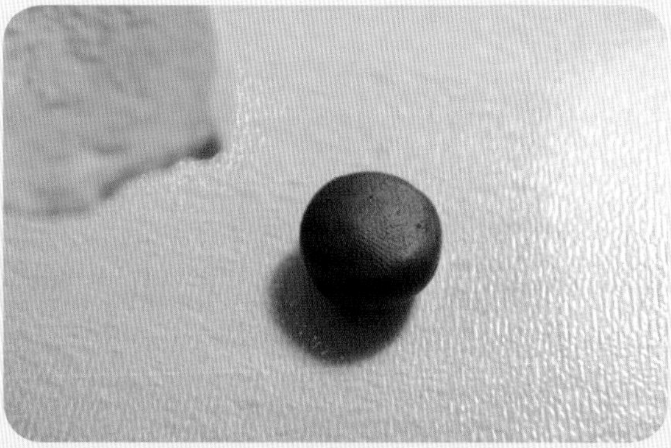

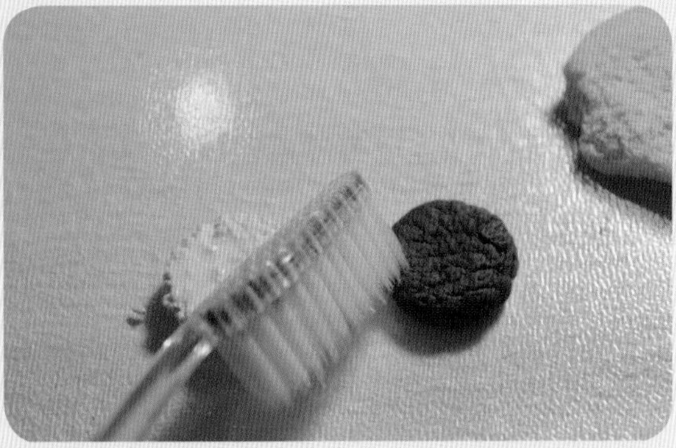

11. 用细毛牙刷轻轻敲打表面使“肉感”更强。

12. 按“面包底”－“青菜”－“肉饼”的顺序粘合。

13. 在“肉饼”上刷一层红褐色粉彩做“辣椒”。
最后虽然看不出，但我喜欢在汉堡里面加辣椒！

14. 黄色树脂土压扁切成方形做“奶酪片”。

15. 用奶油土 + 白乳胶 + 少量朱红色丙烯颜料调出“酱汁”。

16. 在“肉饼”上再放一层“青菜”并淋上“酱汁”，做法详见前篇《微缩糕点》。

17. 放上“面包顶”并涂上光油，完成！

晶晶亮和果子

●制作人／晓兰

和果子是日本的传统甜点，据历史记载，日本的遣唐使将中国唐代的糕饼技术带回日本，有着数千年的历史。好！卷起袖子，上软陶！做和果子！

材料：各色软陶（透白、半透白为 premo 软陶 5310/5527，只有其中一种的话也可以通用）、哑光光油、腮红
工具：塑形工具、笔刀、亚克力板、针、滚轮、勾线笔、烤箱

▶ 步骤：

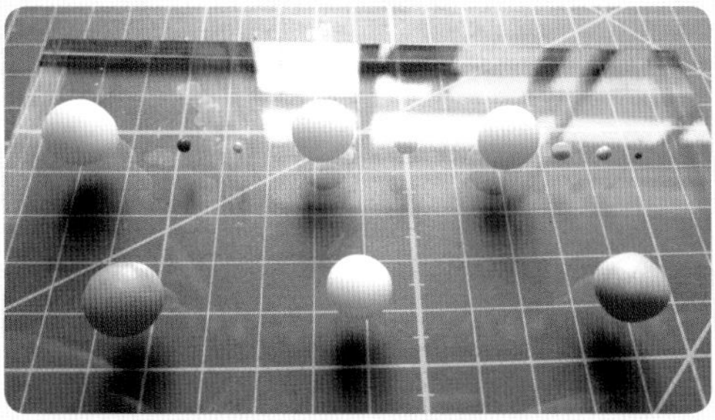

1. 调好准备要用的颜色。第一排依次是半透白、红、黄，半透白、白，半透白、绿、黄、红。第二排是对应配好的颜色的软陶，分量配比如图。

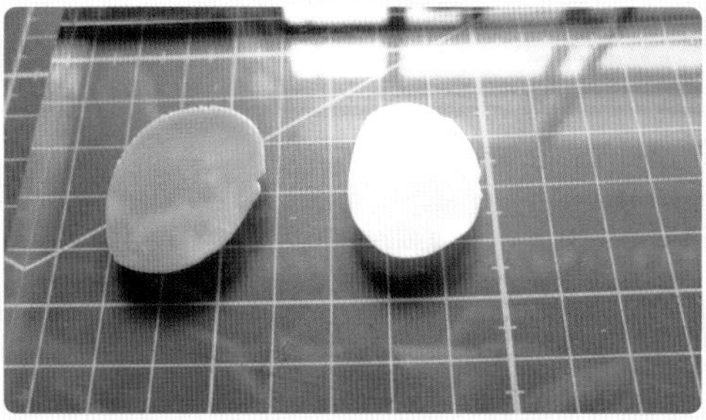

2. 调好的粉色和白色用滚轮压成薄片，越薄越好，厚度大概 1 毫米。

3. 将两片贴在一起，再用滚轮在上面轻轻滚动几下。

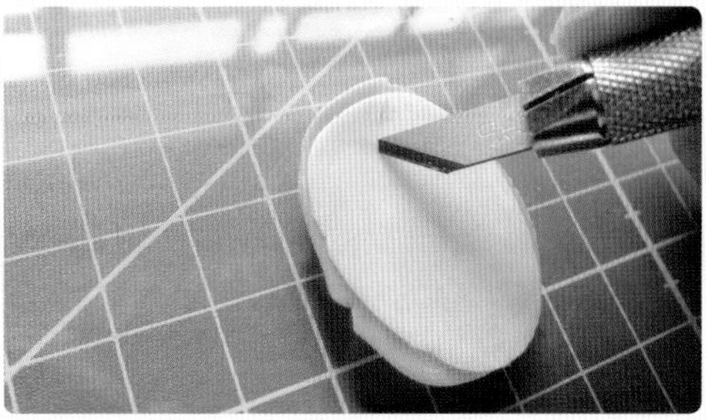

4. 笔刀斜着切一个弧形。

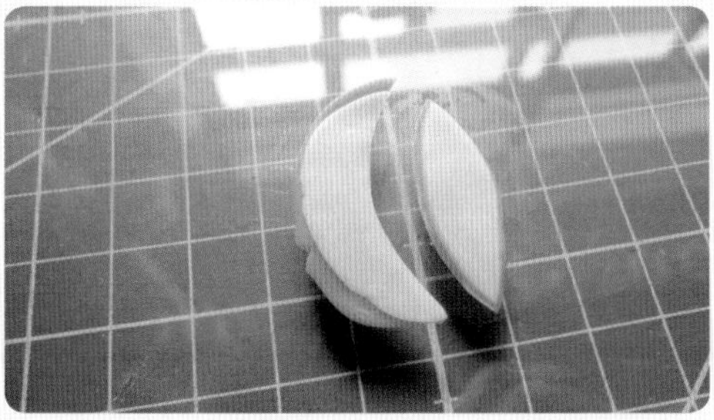

5. 另一边也一样，切完是一片叶子的形状。

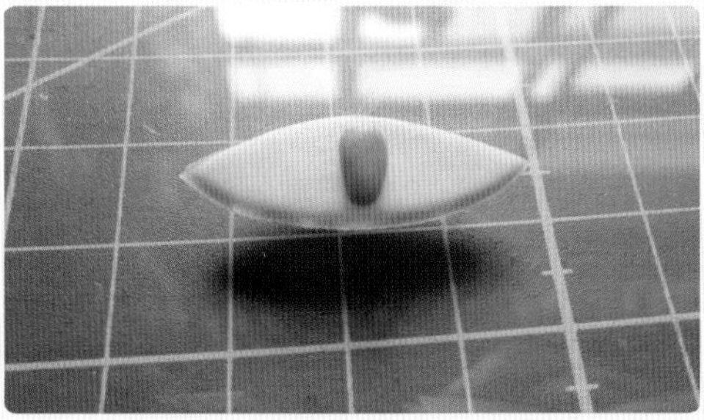

6. 取一块杏黄色（其他颜色的“馅”也可以）放在中间略偏下的位置。

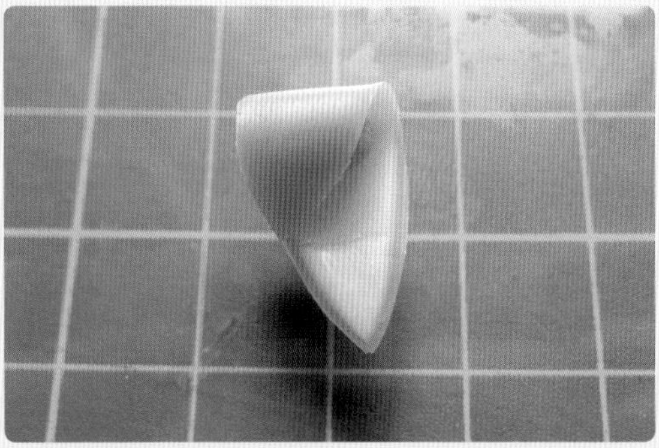

7. 先卷好一边。

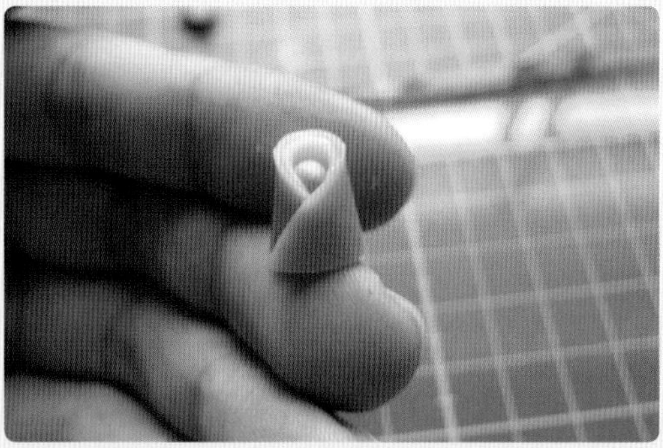

8. 轮到另一边。

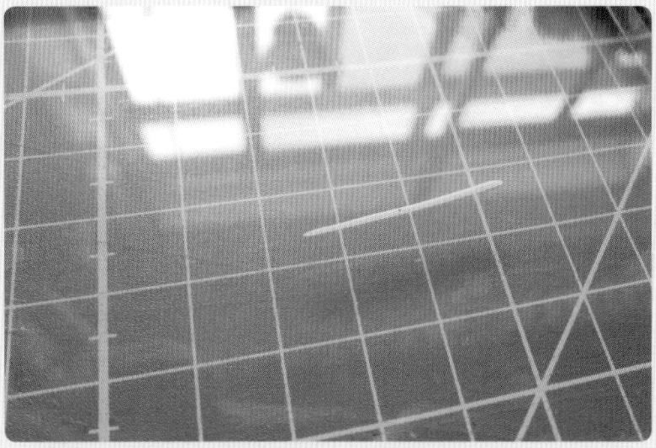

9. 取刚才揉好的绿色黏土，搓成细条。

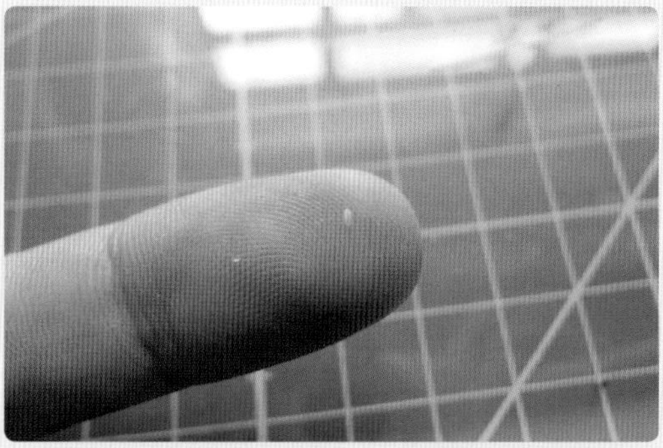

10. 用刀切一小块（非常小）捏成小水滴的形状。

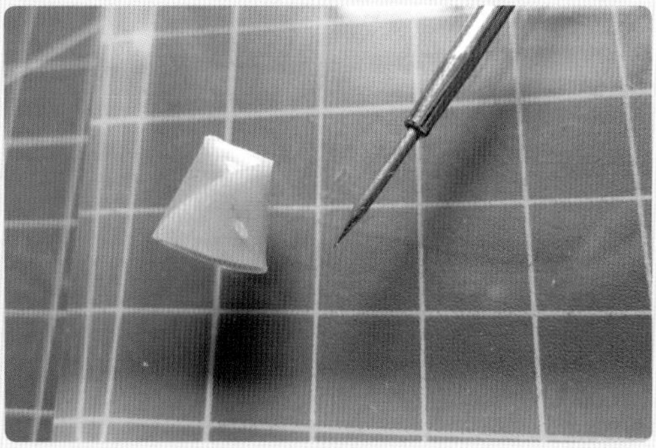

11. 用针尖按上去并压出叶脉。

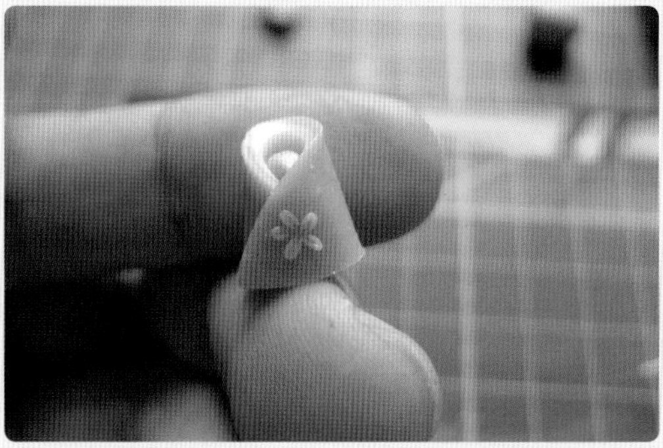

12. 完成是这样的。

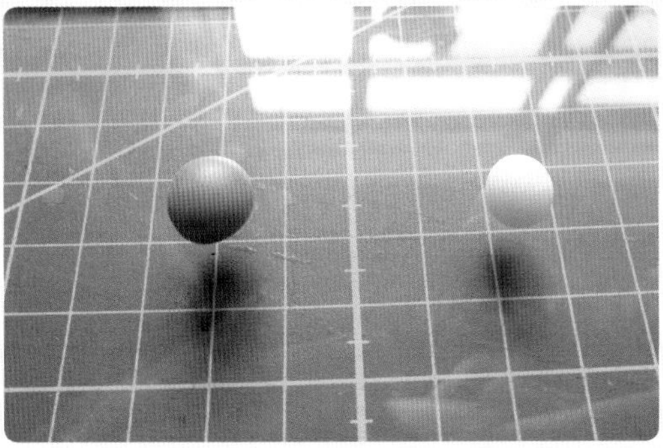

13. 把刚才切下来的边角料揉到一起，再加一些红色。右边透白。

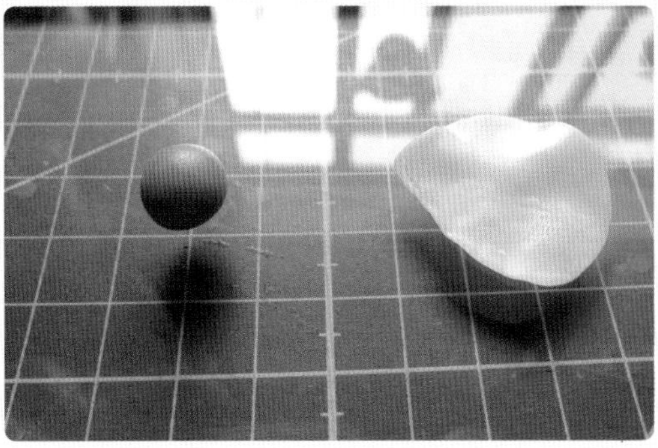

14. 把透白压成薄片。

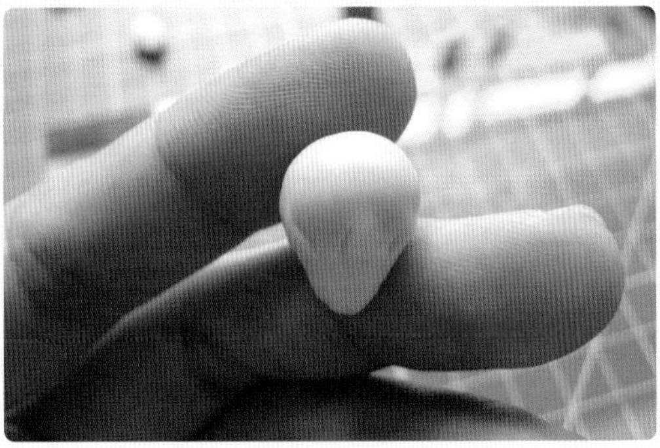

15. 包住粉色黏土，把多余的部分揪掉。

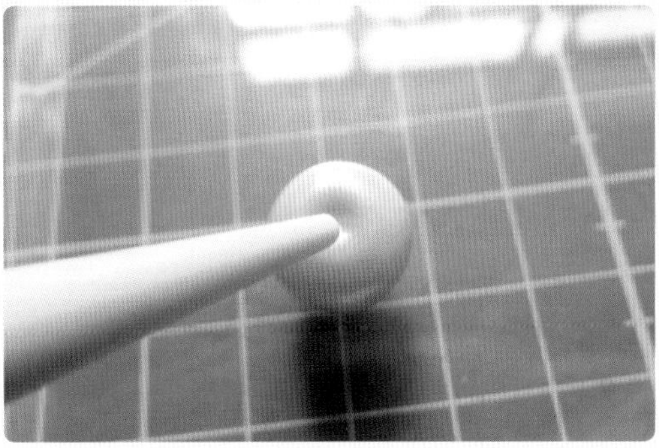

16. 用工具在中间压个坑，我用的是笔刀的一端压，或者平常刻章的小黑笔刀也可以。

17. 用塑形工具压出纹路，压的时候可以把果子托在食指上。

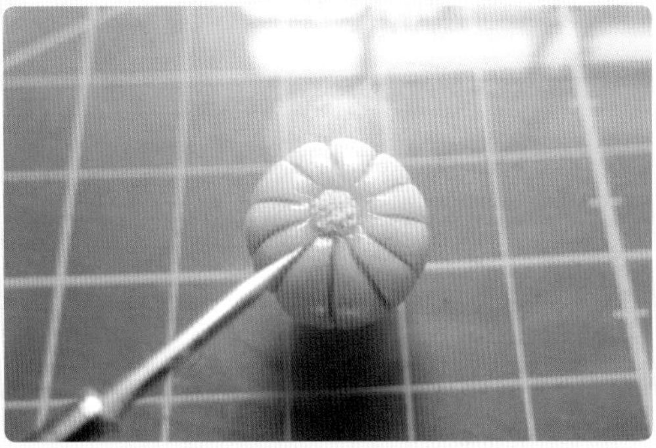

18. 取一小块黄色软陶压在中间，用针尖戳一戳。

19. 取一块绿色软陶压扁，切出叶子的形状，然后压出叶脉。把“叶子”贴上去之后，我们开始做下一个和果子。

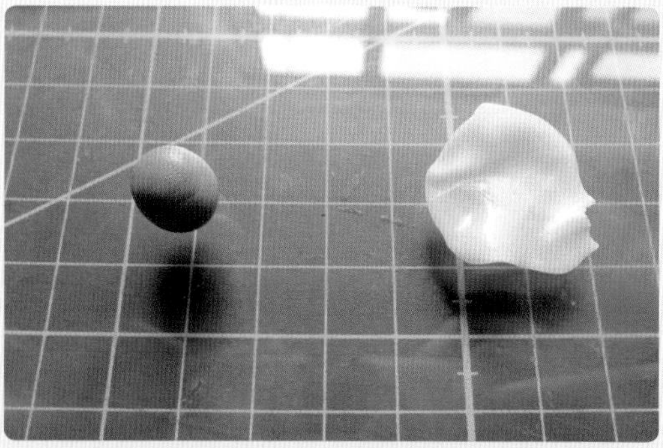

20. 揉一块土黄色软陶（内馅颜色大家可以随意搭配）透白压成薄片。

21. 同上一个做法一样，包住。

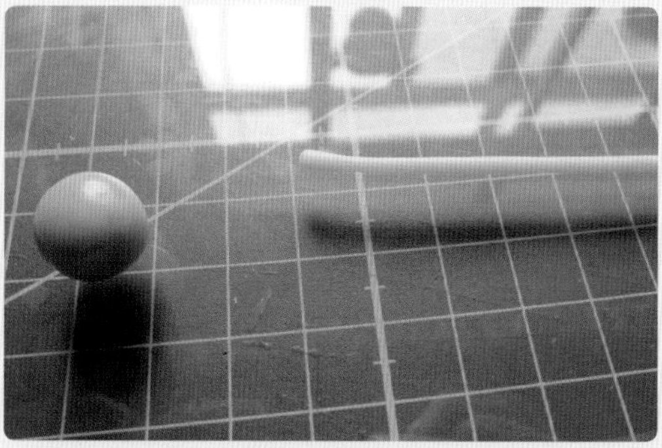

22. 右边长条颜色：透白 + 白 + 少量黄色。

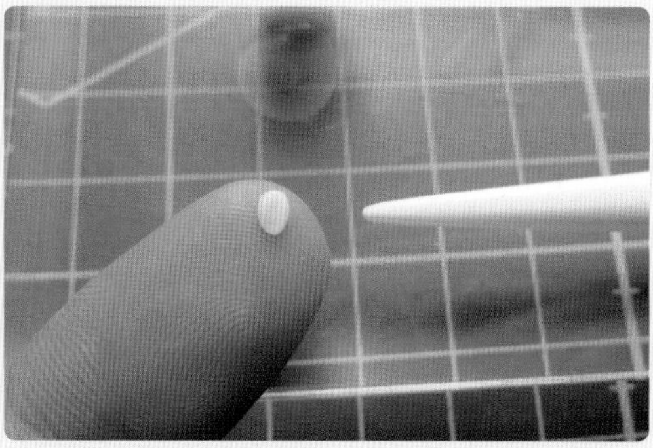

23. 搓成小水滴，然后用工具压出花瓣的形状（右边为工具）。

24. 贴在果子上。

25. 贴好后，用勾线笔刷一些腮红之类的粉末，涂在花瓣中间。

26. 黄色小球做花蕊。

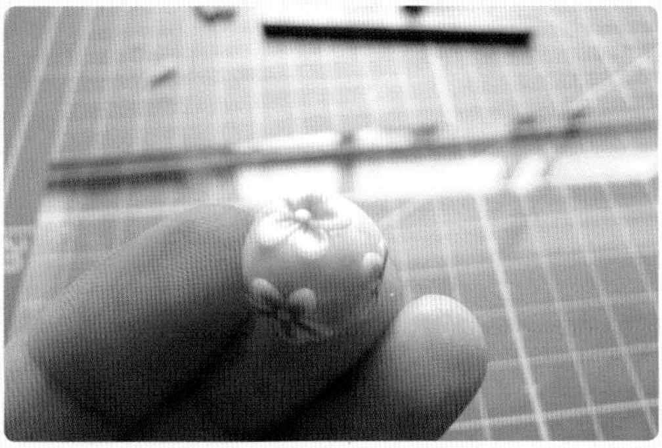

27. 然后把所有做好的送进烤箱，因为各人所有的烤箱和软陶不同，所以温度上是有一些偏差的，我常用温度是 130℃ ~140℃，大家就用平时烤好软陶的温度，稍稍低一些，因为这次做的东西没有太凸出的部分，旨在保留烤前的质感，就不完全烤透烤好，稍稍烤硬就行（软陶烤好的状态是很结实的，如果是长条在烤好状态下是可以掰弯的。是新手可以用小块软陶来试一下自家烤箱烤软陶的最佳温度）。烤完之后会略失光泽，可以刷一些哑光光油。

罗罗布一家亲

● 制作人 / 弹力龟
● 动漫形象作者 / 加一

在公司里要填得了报表、写得了方案、管得住菜鸟，
回到家还要炒得了菜、杀得了小强、记得了账！
妈咪的生活真是“鸭梨山大”啊！
快和爸比一起分担一下她的家务活儿吧！

材料：超轻黏土（白、黑、黄、红、蓝）、磁石
工具：镊子、剪刀、白胶

▶ 身体雏形部分

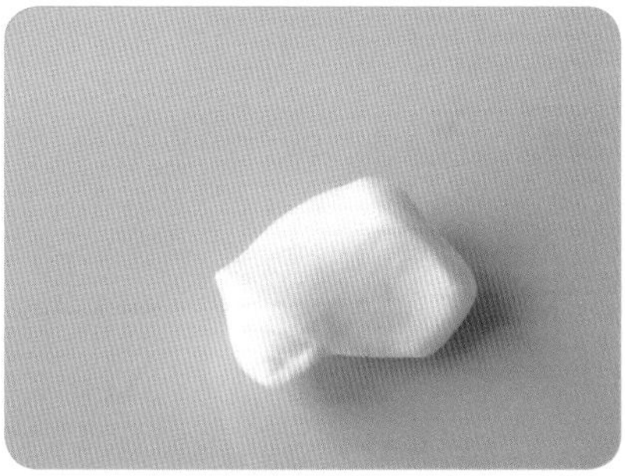

1. 准备一团白色黏土。

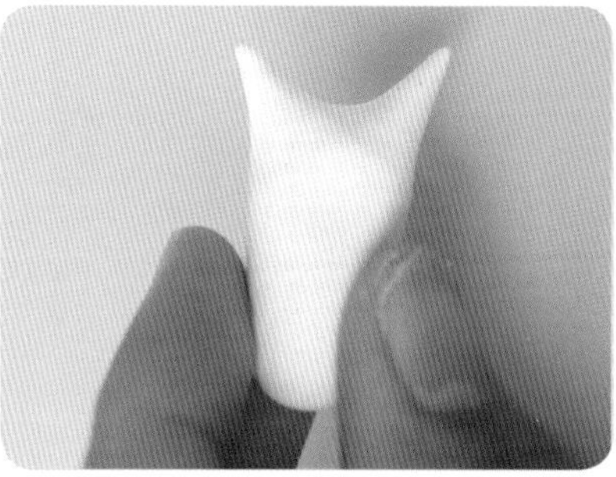

2. 轻轻揉捏，捏成如图所示的形状。

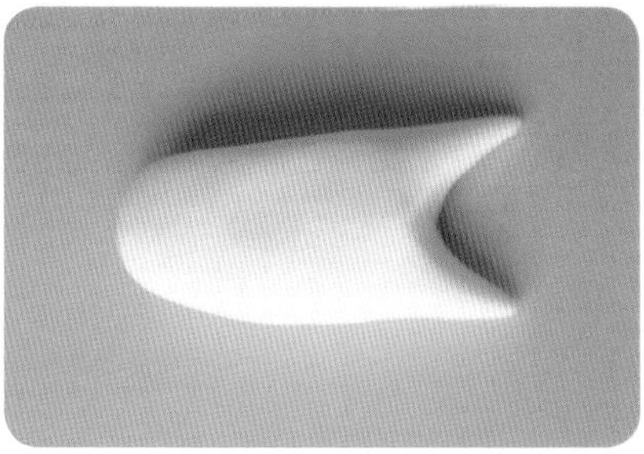

3. 因为是做冰箱贴，所以轻轻压扁。

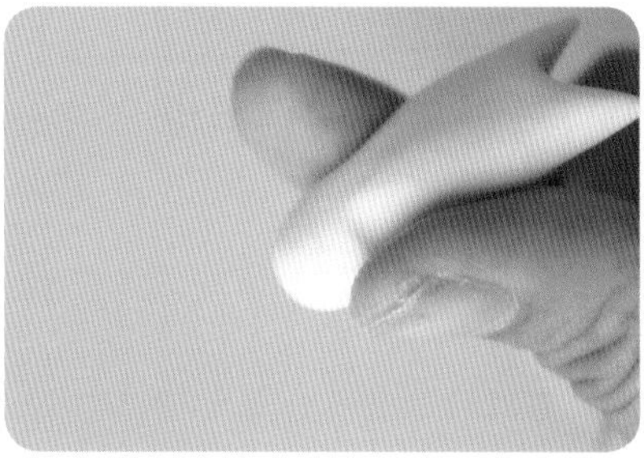

4. 在大约 1/5~1/4 的位置轻轻按压，形成头部的雏形。

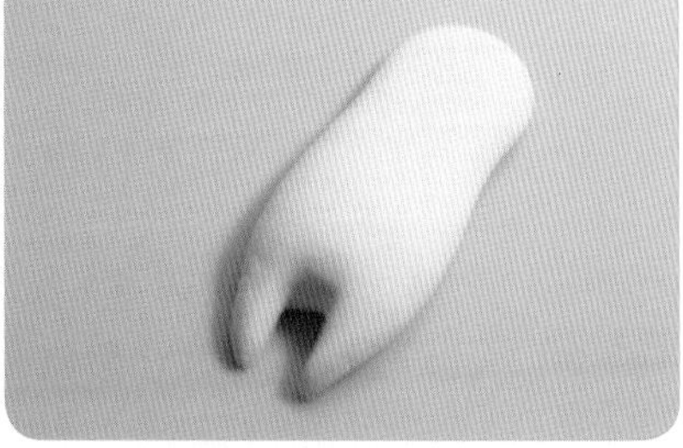

5. 萝卜外形基本完成。

▶ 身体雏形部分

6. 取一小块黑色黏土揉成小圆点，压扁成椭圆片状。

7. 在步骤 6 风干完毕后，用剪刀剪成两半。

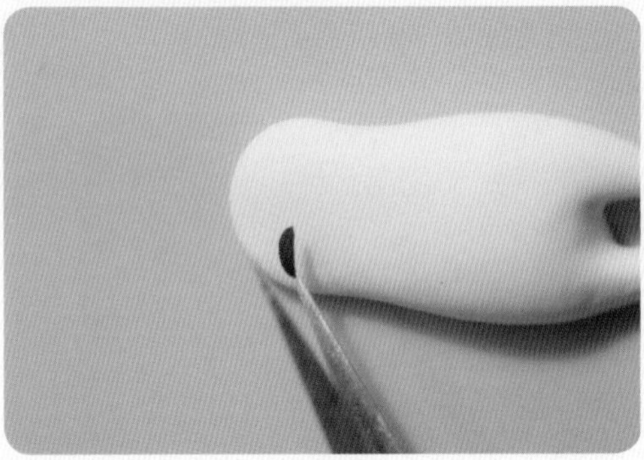

8. 用镊子夹起粘在头部的位置。

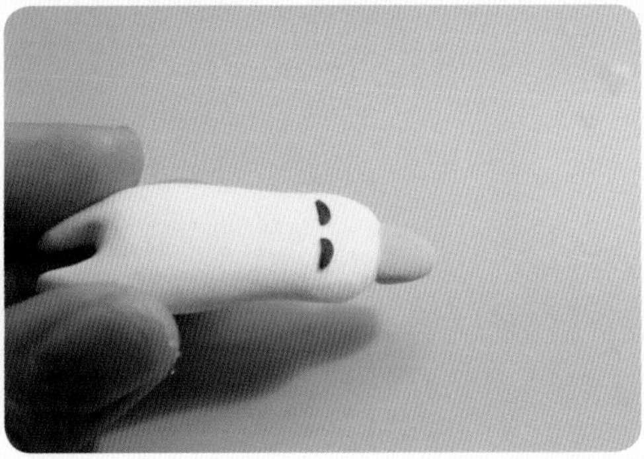

9. 用绿色黏土粘在头顶位置，用水轻轻抚平过渡边缘（风干后请参照后面的步骤 24 的方式修剪萝卜皇冠）。

▶ 罗罗布妈妈的制作

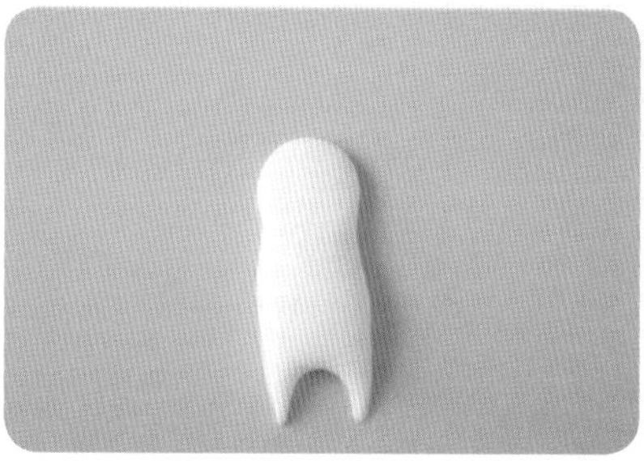

10. 用身体雏形的步骤完成身体部分，眼睛的部分参照步骤 6~8。

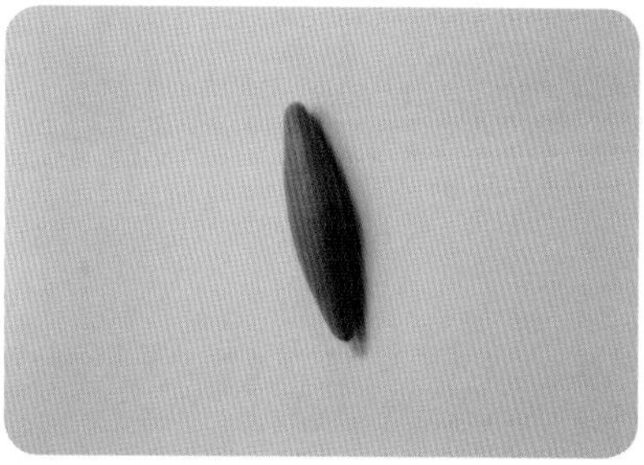

11. 调制棕色黏土，取一小块（黑色 + 黄色 + 红色）。

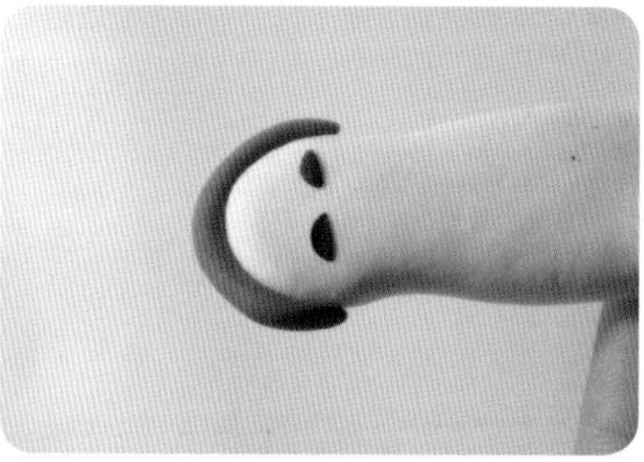

12. 粘在头顶。

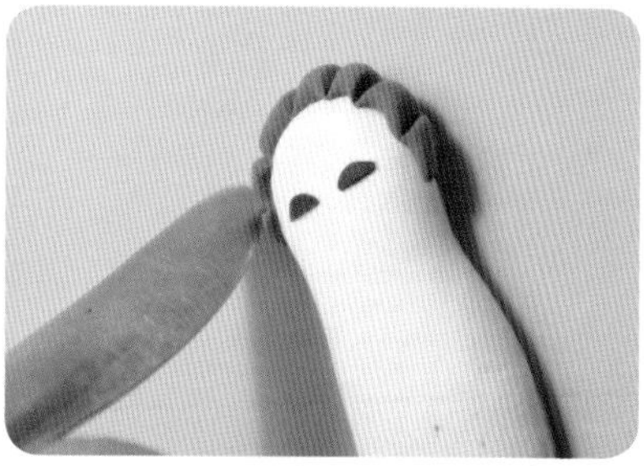

13. 趁步骤 13 未完全干透，快速用小刀的背面压出卷发的纹路。

14. 用手拨弄一下，使过渡更自然。

15. 取肉桂色的黏土粘成如图所示的形状后风干。（左边是已经完成的，右边是刚开始粘上去的样子。）

16. 剪去尖头的部分。

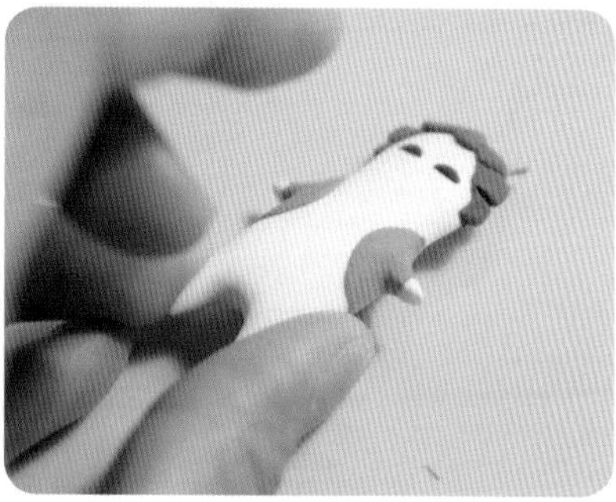

17. 用白色黏土粘成手。

▶ 罗罗布爸爸的制作

18. 白色黏土如图所示，用小刀的侧面压出头。

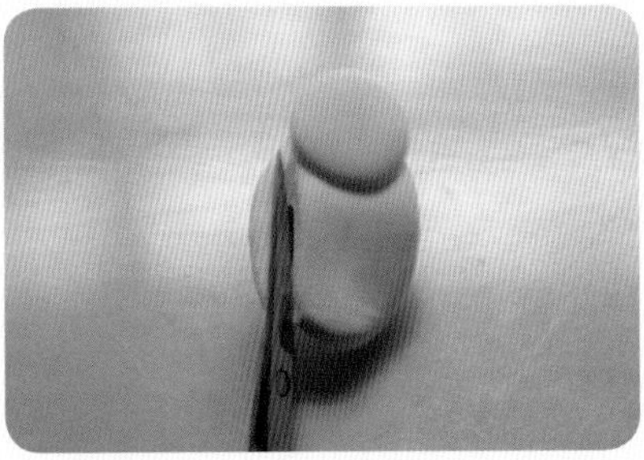

19. 剪去多余的部分。

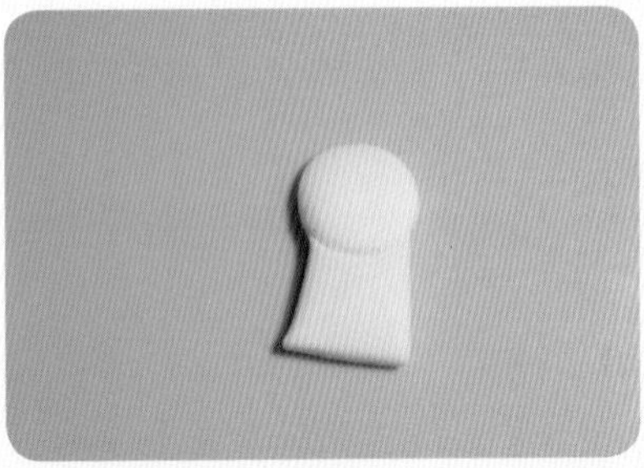

20. 完成如图所示的形状。

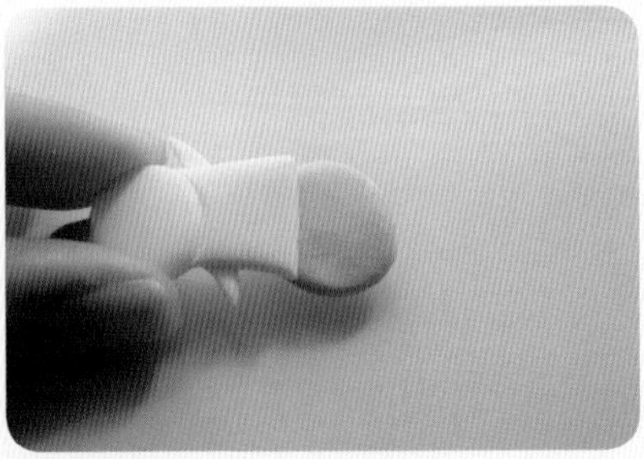

21. 在底部粘上蓝色的黏土，超出一点没关系，后面会进行剪裁。

22. 如图所示，尽可能剪出短裤的形状。

23. 用工具稍微修改下形状。

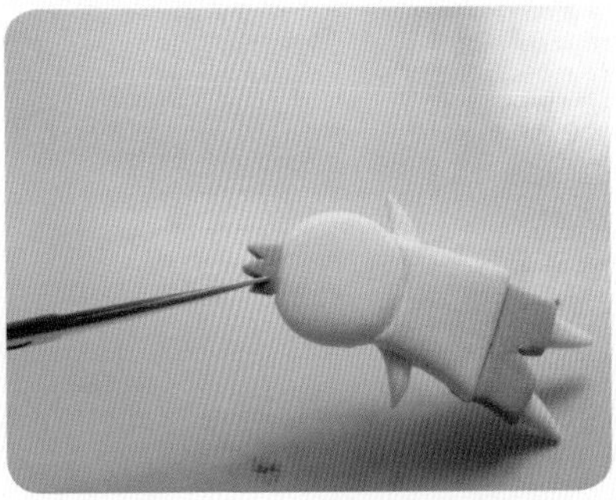

24. 用步骤 9 的方法完成皇冠制作后，用剪刀剪裁。

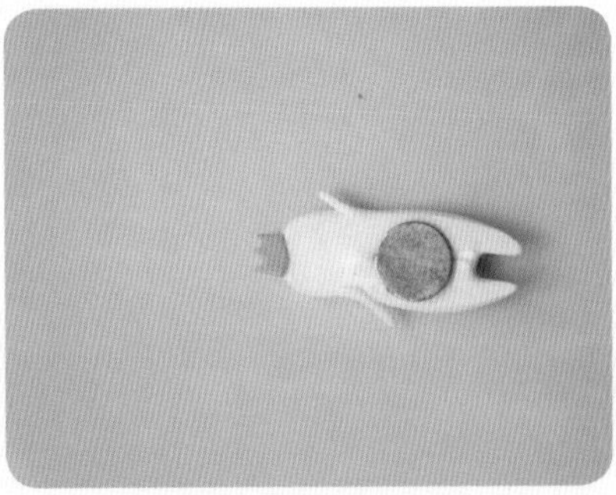

25. 用白胶在背后粘上磁石。

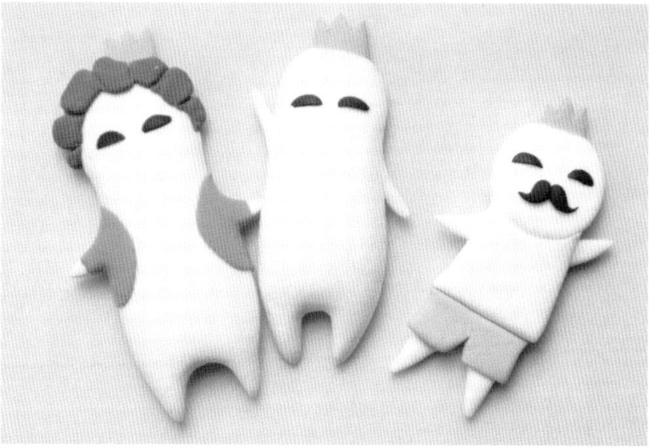

26. 罗罗布一家的冰箱贴就完成制作了！

罗罗布家务表

从今天开始做个好孩子，动手给妈妈分担家务吧！

黏土能做的东西当然不止一本书的内容啦！
开动脑筋，
把想做的东西做出来，
才是玩黏土的乐趣。
一起感受这种快乐吧！